典藏版 / 20

数林外传 系列
跟大学名师学中学数学

平面几何100题

◎单 墫 著

U0222180

中国科学技术大学出版社

内 容 简 介

本书由 100 道平面几何的问题及其解答组成.

希望读者能够欣赏书中提供的问题与解法,同时希望本书能够激起大家学习平面几何乃至学习数学的兴趣.

本书适合中学数学教师和对平面几何感兴趣的中学生.

图书在版编目(CIP)数据

平面几何 100 题/单墫著. —合肥:中国科学技术大学出版社,2015.5 (2023.3 重印)

ISBN 978-7-312-03662-0

Ⅰ.平… Ⅱ.单… Ⅲ.平面几何 Ⅳ.O123.1

中国版本图书馆 CIP 数据核字(2015)第 078674 号

中国科学技术大学出版社出版发行

安徽省合肥市金寨路 96 号,230026

http://press.ustc.edu.cn

https://zgkxjsdxcbs.tmall.com

安徽省瑞隆印务有限公司

全国新华书店经销

开本:880 mm×1230 mm 1/32 印张:5.75 字数:171 千

2015 年 5 月第 1 版 2023 年 3 月第 5 次印刷

定价:25.00 元

目　　录

---

* 括号中的两个页码分别对应该标题在习题部分和解答部分的位置，下同.

习 题 部 分

一 计 算 题

长度、角度、面积等,都是平面几何中计算的内容.

为了方便计算,常常需要变更图形的形状或位置.分解与拼合也是常用的方法.

1.特殊的四边形

在四边形 $ABCD$ 中,$\angle ABC = \angle ADC = 90°$,$AB = BC$.已知 $S_{ABCD} = 16$,求点 B 到 CD 的距离 BE.

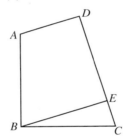

2.恢复原状

在四边形 $ABCD$ 中,$AB = BC = CD$,$\angle ABC = 90°$,$\angle BCD = 150°$.求 $\angle BAD$.

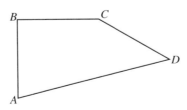

这个图形其实是从一个很标准的图形中切出来的.

3．五块面积

图中 P 为平行四边形内的一点．已知 $S_{\triangle PAB}=10$，$S_{\triangle PAD}=6$．$S_{\triangle PAC}$ 能否求出？ 如果能，它的值是多少？

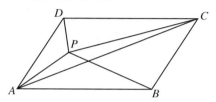

4．八边形面积

如图，一个边长为 1 的正方形 $ABCD$，将顶点与边的中点（E,F，G,H）相连，得一个八边形（阴影部分）．求这个八边形的面积．

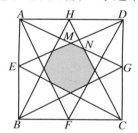

5．图形分解

在四边形 $ABCD$ 中，已知 $AD=BC=CD$，$\angle ADC=80°$，$\angle BCD=160°$．求 $\angle BAD$．

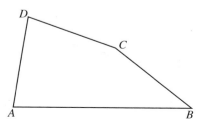

这个图形能分解成比较规则的图形吗?

6. 两个等腰三角形

两个等腰三角形,一个顶角为 α,腰为 a,底为 b;另一个底角为 α,腰为 b,底为 a.求 α 及 $\dfrac{a}{b}$.

显然 $a=b$ 时,$\alpha=60°$,$\dfrac{a}{b}=1$.但还有其他可能.

7. 构成三角形

在 $\triangle ABC$ 的三边上向外作正方形 $BCDE$,$ACFG$,$BAHI$.连 DF,GH,IE.

求证:DF,GH,IE 这三条线段可以构成三角形.并指出这个三角形与 $\triangle ABC$ 的面积有何关系.

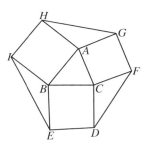

8. 30°的角

在四边形 $ABCD$ 中,$\angle DAC=12°$,$\angle CAB=36°$,$\angle ABD=48°$,$\angle DBC=24°$.求 $\angle ACD$.

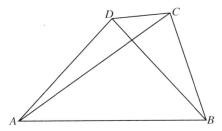

9. 依然故我

在四边形 $ABCD$ 中，$AB = AC$，$DA = DB$，$\angle ADB + \angle CAB = 120°$. 求 $\angle ACD$.

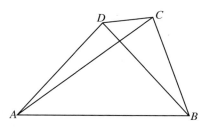

这道题可以与上一道题比较一下.

10. 梯形的底角

下图的梯形 $ABCD$ 中，$AD \parallel BC$，$AD = DC$，$BD = BC$，$\angle DBC = 20°$. 求 $\angle ABC$.

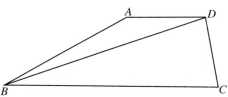

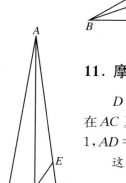

11. 摩天大楼

D 为等腰三角形 ABC 底边 BC 的中点，E，F 分别在 AC 及其延长线上. 已知：$\angle EDF = 90°$，$ED = DF = 1$，$AD = 5$. 求线段 BC 的长.

这个图形瘦而长，像座摩天大楼.

12. 勾三股四

直角三角形 ABC 中，$AC = 4$，$BC = 3$，CD 是斜边上的高. I_1，I_2 分别是 △ADC，△BDC 的内心. 求 I_1，I_2.

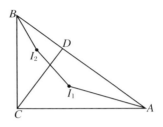

13. 线段的比（一）

已知：点 C 在以 AB 为直径的 $\odot O$ 上，过 B，C 作 $\odot O$ 的切线，交于点 P. 连 AC. 又知 $OP = \dfrac{9}{2} AC$. 求 $\dfrac{PB}{AC}$.

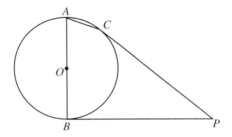

14. 线段的比（二）

过 P 点作 $\odot O_1$ 的切线 PN，切点为 N. M 是线段 PN 的中点. $\odot O_2$ 过 P，M 两点，交 $\odot O_1$ 于 A，B. 直线 AB 交 PN 于 Q. 求证：$PM = 3MQ$.

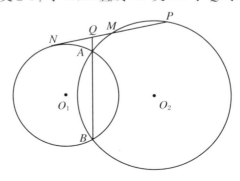

15. 利用方程

　　A,B,C,D 为一条直线上的顺次四点,并且 $AB:BC:CD=2:$
$1:3$.分别以 AC,BD 为直径作圆,两圆相交于点 E,F.求 $ED:EA$
的值.

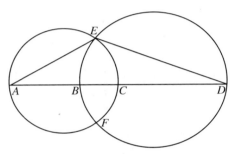

　　本题可以利用方程来求未知的量.

16. 计算勿繁

　　$\triangle ABC$ 中,$BA=BC=5,AC=7$.$\odot I$ 是 $\triangle ABC$ 的内切圆,切 AC
于 M.过 M 作 BC 的平行线,又交 $\odot I$ 于 N.过 N 作 $\odot I$ 的切线,交 AC
于 P.求 $MN-NP$.

　　这是一道计算题.计算应尽量简明.

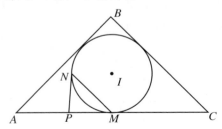

17. 代数运算

　　已知:a,b,c 为正数,满足以下条件:

$$a + b + c = 32; \qquad (1)$$

$$\frac{b + c - a}{bc} + \frac{c + a - b}{ca} + \frac{a + b - c}{ab} = \frac{1}{4}. \qquad (2)$$

是否存在以 $\sqrt{a}$, $\sqrt{b}$, $\sqrt{c}$ 为三边长的三角形? 如果存在,求出这个三角形的最大角.

本题虽与三角形有关,但主要内容是代数运算.

18. 面积与周长(一)

两个直角三角形,面积与周长都相等.这两个直角三角形是否全等?

19. 一个最大值

两圆同心,半径分别为 $2\sqrt{6}$ 与 $4\sqrt{3}$.矩形 $ABCD$ 的边 AB, CD 分别为两圆的弦.在这个矩形面积最大时,它的周长是多少?

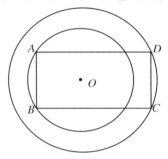

20. 哈佛赛题

五边形 $ABCDE$ 满足以下条件:

(i) $\angle CBD + \angle DAE = \angle BAD = 45°$, $\angle BCD + \angle DEA = 300°$.

(ii) $\dfrac{BA}{DA} = \dfrac{2\sqrt{2}}{3}$, $CD = \dfrac{7\sqrt{5}}{3}$, $DE = \dfrac{15\sqrt{2}}{4}$.

(iii) $AD^2 \times BC = AB \times AE \times BD$.

求 BD.

本题是 2013 年美国哈佛大学组织的中学生数学竞赛中的一道几何题.

21. 六边形面积

图中 $\triangle A_1 A_3 A_5$ 与 $\triangle A_2 A_4 A_6$ 全等,并且边对应平行. 如果 $S_{\triangle A_1 B_5 B_6} = 1, S_{\triangle A_2 B_6 B_1} = 4, S_{\triangle A_3 B_1 B_2} = 9.$ 求 $S_{B_1 B_2 B_3 B_4 B_5 B_6}$.

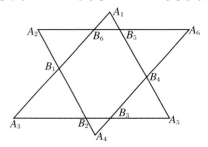

二　证明题（一）

在平面几何中,除了少数公理,其余的结论都需要证明.

学习平面几何,主要就是学会理性思维,学会证明.

我们从比较简单的证明题开始,逐渐增加难度.解题能力需要通过解题逐步养成.

22. 一道初中赛题

如图,已知平行四边形 $ABCD$,$\angle BAD$ 的平分线分别与 BC,DC 的延长线交于点 E,F,点 O,O_1 分别为 $\triangle CEF$、$\triangle ABE$ 的外心.

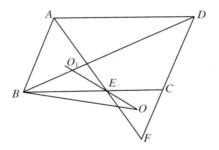

求证:（ⅰ）O,E,O_1 三点共线.

（ⅱ）$\angle OBD = \dfrac{1}{2} \angle ABC$.

23. 山上梯田

点 E 在梯形 $ABCD$ 的上底 AD 上.CE,BA 的延长线交于 F.过点 E 作 BA 的平行线交 CD 的延长线于 M.BM,AD 相交于 N.

求证:$\angle AFN = \angle DME$.

$\triangle FBC$,$\triangle MBC$ 像两座山,四边形 $ABCD$ 是山上梯田.

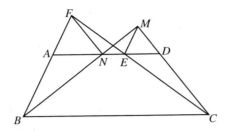

24. 两块拼板

两个三角形拼板，一个是 $\triangle ABD$，一个是 $\triangle ADC$。拼成 $\triangle ABC$，其中 $AB = CD$，$\angle BAD = 27°$，$\angle ABC = 42°$。

求证：必有 $AB = AC$。

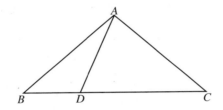

$AB = CD$ 这个条件应当合理地利用。

25. 四点共线

$\odot O_1$ 与 $\odot O_2$ 外离。求证：它们的两条内公切线的中点，两条外公切线的中点，这四个点在一条直线上。

26. 余弦定理

半圆的直径是 AB。C，D 在圆上。直线 AC，BD 相交于 E。

求证：$AB^2 = AE \times AC + BE \times BD$。

有两种情况。

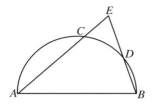 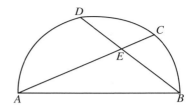

27. 内外二心

如图，在 $\triangle ABC$ 中，$AB > AC$. O，I 分别为外心、内心，并且
$AB - AC = 2OI$.

求证：（ⅰ）$OI /\!/ BC$.

（ⅱ）$S_{\triangle AOC} - S_{\triangle AOB} = 2S_{\triangle AOI}$.

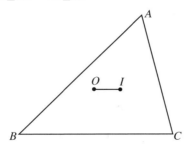

28. 北大招生题

下面一道几何题是北京大学自主招生的试题.

已知：在 $\triangle ABC$ 中，有一点 L，使得
$$\angle LBC = \angle LCA = \angle LAB = \angle LAC.$$
求证：$\triangle ABC$ 的三边成等比数列.

29. 圆心在圆上

$\odot O_1$，$\odot O_2$ 相交于 A，B. $\odot O_1$ 的切线 BC 交 $\odot O_2$ 于 C. 已知：
$BC = AB$.

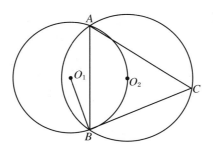

（ⅰ）证明 O_2 在 $\odot O_1$ 上.

（ⅱ）设△ABC 的面积为 S.求 $\odot O_1$ 的半径 R 的最小值(用 S 表示).

一个圆的圆心不在这个圆上,却可以在另一个圆上.

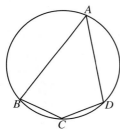

30. 圆内接四边形

已知:圆内接四边形 ABCD 中,BC = CD.

求证:$AC^2 = AB \times AD + BC^2$.

31. 对称

已知:在△ABC 中,AB = AC.CP 是∠ACB 的角平分线.M 是内切圆与 BC 边的切点,MD∥AC 交内切圆于 D.

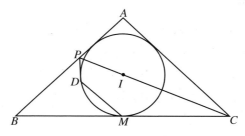

求证:PD 与内切圆相切.

32. 公共弦

⊙O_1 与 ⊙O_2 相交于 A, B. AC 与 ⊙O_2 相切, 交 ⊙O_1 于 C. 直线 CB 交 ⊙O_2 于 D, 直线 DA 交 ⊙O_1 于 E.

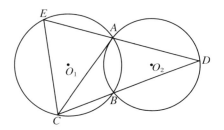

求证: (i) △ACE 是等腰三角形.

(ii) $DA \cdot DE = CD^2 - CE^2$.

33. 圆的切线

已知: D 在 △ABC 的边 AC 上, $AD : DC = 2 : 1$. $\angle C = 45°$, $\angle ADB = 60°$.

求证: AB 是 △BCD 的外接圆的切线.

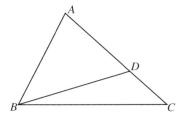

34. 切线与割线

如图, PA 为 ⊙O 的切线, PBC 为割线, $AD \perp OP$, 垂足为 D.

求证: $AD^2 = BD \times CD$.

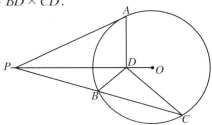

35．角的相等

如图，PA 为 $\odot O$ 的切线，PBC 为割线．$AD \perp OP$，垂足为 D．$\triangle ADC$ 的外接圆又交 BC 于 E．求证：$\angle BAE = \angle ACB$．

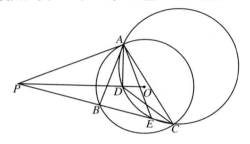

36．三等分点

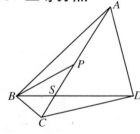

四边形 $ABCD$ 中，$\angle BAD = 60°$，$\angle ABC = 90°$，$\angle BCD = 120°$．对角线相交于 S，$BD = 3BS$．点 P 为 AC 的中点．求证：（ⅰ）$\angle PBD = 30°$．（ⅱ）$AD = DC$．

（ⅰ）容易．（ⅱ）稍难．关键在三等分点 S 有何作用．

37．何来 4 倍

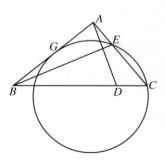

$\triangle ABC$ 是直角三角形，D 在斜边 BC 上，$BD = 4DC$．一圆过 C 点且与 AB 相切于 AB 的中点 G，交 AC 于 E．

求证：$AD \perp BE$．

题目中 $BD = 4DC$ 的 4 从何而来？

38. 与外公切线平行

对圆内接四边形 $ABCD$,$\triangle ACD$ 的内切圆为 $\odot O_1$,$\triangle BCD$ 的内切圆为 $\odot O_2$.求证:AB 与 $\odot O_1$,$\odot O_2$ 的一条外公切线平行.

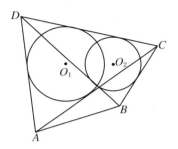

39. 更一般些

圆内接四边形 $ABCD$ 的对边 DA,CB 延长后交于 P.M 为 CD 的中点.PM 交 AB 于 E.求证:

$$\frac{AE}{BE} = \frac{PA^2}{PB^2}. \tag{1}$$

如果 M 不是中点呢?

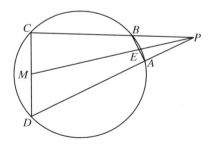

40. 姜霁恒的问题

东北育才学校姜霁恒在《学数学》上提出一道探究问题:
若 D,E,F 分别在 $\triangle ABC$ 的边 BC,CA,AB 上,且

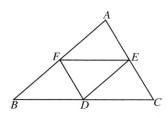

$$2EF = BC, \quad 2FD = AC, \quad 2DE = BA.$$
$$(1)$$

是否一定有 $EF /\!/ BC$？

　　如果 D, E, F 为三边中点,当然有(1)成立,而且 $EF /\!/ BC$. 但现在并不知道它们是不是中点.

41. 共圆的点

　　已知: AD 是 $\triangle ABC$ 的外接圆 $\odot O$ 的直径. 过 D 的切线交 CB 的延长线于 P. 直线 PO 分别交 AB, AC 于 M, N.

　　求证: $OM = ON$.

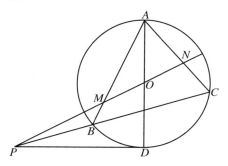

42. 三个圆

　　如图,平行四边形 $ABCD$ 中, E 为 AD 上任一点,过 E 作 EF 交 AB 的延长线于 F. 连 CE, CF. 设 $\triangle CDE$ 的外心为 O_1, $\triangle EAF$ 的外心为 O_2, $\triangle CBF$ 的外接圆的半径为 R. 求证: $O_1O_2 = R$.

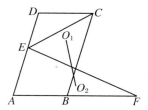

三　非常规的几何问题

本章所收问题,不是平面几何中的典型问题,大致属于"组合几何",需要一点其他学科(如数论)的知识与机敏.解法不落俗套,需要发挥创造性,自己去发现.

43. 整数知识

已知:直角三角形的边长均为整数,周长为30.求外接圆半径与面积.
本题需要一些整数知识.

44. 条件够吗?

已知:直角三角形 ABC 的内切圆与斜边 AB 相切于 D , $AD = m$, $DB = n$.求三角形面积.
条件是不是少了一点?

45. 滚动的圆(一)

两个同样大小的圆(例如两枚1元的硬币)互相外切,一个圆在另一个的外面滚动(没有滑动,以下均作这样约定).如果动圆正好绕定圆一周,那么动圆自身转过几周?

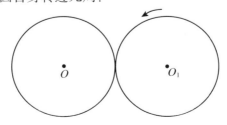

46．滚动的圆(二)

一个小圆在大圆里滚动,如果大圆半径是小圆的两倍.当小圆沿大圆滚动一周时,小圆绕过几周?

小圆上任一点 A 在这滚动中,它的轨迹是什么形状?

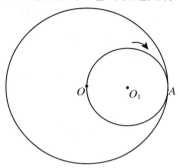

47．滚动的圆(三)

n 枚同样大小的硬币,两两相切,围成一个圈,圆心成凸 n 边形(如图).又有一个同样大小的硬币在外面沿着这个图形的轮廓滚动.滚动一圈,这个硬币旋转了多少周?

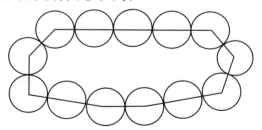

48．面积与周长(二)

两个三角形,面积、周长都相等.这两个三角形是否一定全等?你能证明或举出反例吗?

49. 面积与周长(三)

两个等腰三角形,面积、周长都相等.这两个三角形是否一定全等?

50. 小圆盖大圆

三张圆形的纸片,圆心分别为 O,O_1,O_2(以下简称圆形纸片为 $\odot O,\odot O_1,\odot O_2$),半径分别为 R,r_1,r_2.

如果 $R>r_1,R>r_2$,那么用 $\odot O_1,\odot O_2$ 能够将 $\odot O$ 完全盖住吗?

在 r_1,r_2 比 R 小得多时,$\odot O_1,\odot O_2$ 当然盖不住 $\odot O$.但如果 r_1,r_2 与 R 很接近,只小一点点,那么这两个小圆能将 $\odot O$ 完全盖住吗?

这是1977年第一届中国科学技术大学少年班的入学试题.

51. 滚动的圆(四)

滚柱轴承(如图),外圈大圆是外轴瓦,内圈小圆是内轴瓦,中间是滚柱.内轴瓦固定,转动时没有相对滑动.若外轴瓦的直径是内轴瓦的直径的 1.5 倍,当外轴瓦转动一周时,滚柱自转了几周?

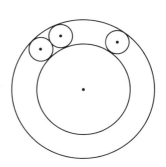

52. 怪兽难亲

动物园有一个馆是 900 平方米的正方形,其中放入若干只外星球来的怪兽,名叫"难亲".这种怪兽彼此之间的距离不能小于 $10\sqrt{2}$ 米,否则就会引起争斗,至死方休.问这馆内至多能放几只"难亲"?

四 证明题(二)

本章继续讨论一些证明题.

我们尽量采用基本的知识,纯几何的方法.

53. 高中赛题

⊙O 是△ABC 的外接圆.弦 DE 分别交 AB,AC 于 M,N,并且

$$DM = MN = NE. \qquad (1)$$

求证:

$$DB \times CE = MN \times BC. \qquad (2)$$

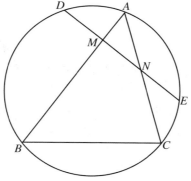

本题是 2013 年全国高中数学竞赛的加试题.

54. 到处有相似

设平行四边形 $ABCD$ 中,E 在 BD 上.直线 AC 与△BCD 的外接圆又交于 P.求证:∠BAE = ∠CAD 的充分必要条件是 ∠BPE = ∠CPD.

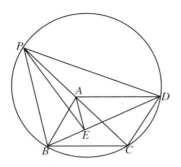

55．你们共圆，我们也共圆

设 ⊙O 的内接四边形 $ABCD$ 中，M，N 分别为对角线 AC，BD 的中点，O，M，N 互不相同．求证：A，O，N，C 四点共圆的充分必要条件是 B，O，M，D 四点共圆．

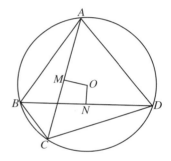

56．中点、平行

在△ABC 中，$\angle ACB = 90°$．角平分线 AM，BN 分别交高 CH 于 P，Q．E，F 分别为 PM，QN 的中点．求证：$EF /\!/ AB$．

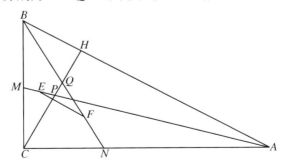

57. 几何意义

在 $\triangle ABC$ 中, AD 是高, D 与 C 不同. O 是外心. 过 D 作 AC, AB 的垂线, 垂足分别为 E, F. 已知 $AB = 2OE$. 求证: $AC = 2OF$.

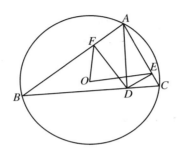

58. 两圆同心

已知 $\triangle ABC$, 点 D, E, F 分别在边 BC, CA, AB 上, 并且

$$\frac{BD}{DC} = \frac{CE}{EA} = \frac{AF}{FB}. \tag{1}$$

如果 $\triangle DEF$ 与 $\triangle ABC$ 的外心相同, 求证: $\triangle ABC$ 是正三角形.

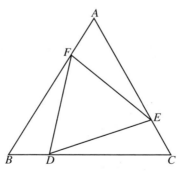

59. 倒数之和

凸四边形 $ABCD$ 的对边 BA, CD 延长后相交于 P, CB 与 DA 延长后相交于 Q. AC 平分 $\angle BAD$. 求证:

$$\frac{1}{AB} + \frac{1}{AP} = \frac{1}{AD} + \frac{1}{AQ}.$$

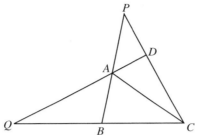

60. 逐步倒溯

圆内接四边形 $ABCD$ 的对角线交于 P,M 和 N 分别为 AC 和 BD 的中点.⊙AMN,⊙CMN 分别又交 BD 于 E,F.求证:

$$\frac{BP^2}{DP^2} = \frac{BE \times BF}{DE \times DF}.$$

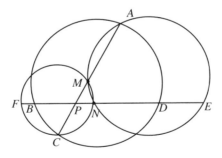

61. 两处射影

圆内接四边形 $ABCD$ 的边 AB,CD 的中点分别为 M,N.L 是 MN 的中点.M 在 BC,AD 上的射影分别为 P,Q.

求证:$LP = LQ$.

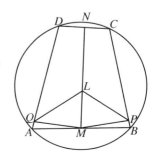

62. 平分线段

设 $\triangle ABC$ 的内切圆切各边于 D, E, F. 直线 DF 交直线 AC 于 P, DE 交直线 AB 于 Q. 过内心 I 且垂直于 PQ 的直线交 EF 于 R.

求证: 直线 AR 平分 PQ.

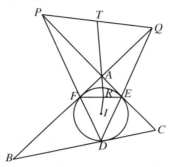

63. 寻找相似形

O 是锐角三角形 ABC 的外心, AD 是高(D 在 BC 上). 直线 AD 与 CO 相交于 E. M 是 AE 上一点. 过 C 作 AO 的垂线, 垂足为 F. 直线 OM 交 BC 于 P. 求证: O, B, F, P 四点共圆的充分必要条件是 M 为 AE 的中点.

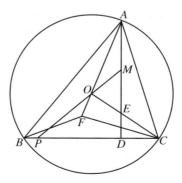

64. 两角之差

O 是锐角三角形 ABC 的外心. 直线 AO 交 BC 于 D. $\triangle ABD$,

$\triangle ACD$ 的外心分别为 P，Q．延长 BA 到 R，使 $AR = AC$．延长 CA 到 S，使 $AS = AB$．求证:四边形 $PQRS$ 是矩形的充分必要条件是

$$|\angle ACB - \angle CBA| = 60°.$$

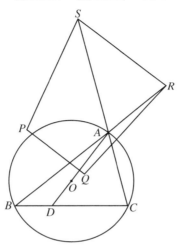

65．绕过障碍

设 $\odot O_1$ 与 $\odot O_2$ 交于 P，Q 两点，AB 为公切线，A，B 是切点．AP 又交 $\odot O_2$ 于 C．M 为 BC 中点．求证:$\angle MQP = \angle CPB$．

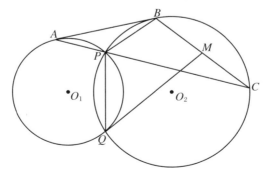

66．冬令营试题

在锐角三角形 ABC 中，$AB \neq AC$，$\angle BAC$ 的平分线与边 BC 交于

D. 点 E, F 分别在 AB, AC 上, 使得 B, C, F, E 四点共圆. 求证: $\triangle DEF$ 的外接圆圆心与 $\triangle ABC$ 的内心 I 重合的充分必要条件是 $BE + CF = BC$.

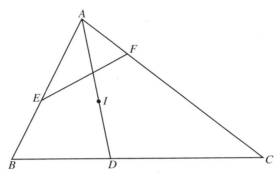

67. 又见中点

在 $\triangle ABC$ 中, $AB = AC$, D 是 $\triangle ABC$ 内一点, $\angle DCB = \angle DBA$. E, F 分别在线段 DB, DC 上. 求证: 直线 AD 平分线段 EF 的充分必要条件是 E, B, C, F 四点共圆.

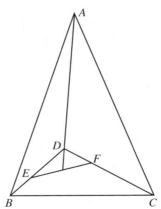

五　更多的知识,更多的问题

平面几何,博大精深,远不止前面涉及的知识与问题.

本章介绍更多的知识,更多的问题.但一般的人,不必沉湎于一门数学分支之中,对于几何,有一定的了解,能够欣赏它的优美,业已足矣.

68. 角平分线的性质

AD 是 $\triangle ABC$ 的角平分线,D 在边 BC 上. 求证:

$$\frac{AB}{AC} = \frac{BD}{DC}. \tag{1}$$

反之,设 D 为边 BC 上一点,并且(1)成立,证明 AD 是角平分线.

69. 分点公式

点 A,B 到直线 l 的距离分别为 a,b. 点 C 在线段 AB 上,并且 $\frac{AC}{CB} = \frac{m}{n}$. 求 C 到直线 l 的距离.

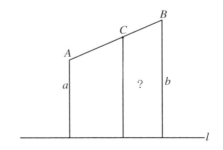

70. 和为 1

由⊙O 外一点 P 作切线，A 为切点. 又作割线 PB，交⊙O 于 B，C. ∠APB 的平分线分别交 AB，AC 于 D，E，求证：

$$\frac{BD}{AB} + \frac{EC}{AC} = 1.$$

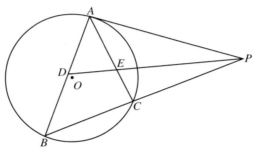

71. 相交何处

在△ABC 中，$AB > AC$. BE，CF 为角平分线（E，F 分别在 AC，AB）上. 直线 EF 与直线 BC 应当相交. 交点在 BC 的延长线上，还是在 CB 的延长线上？请说明理由.

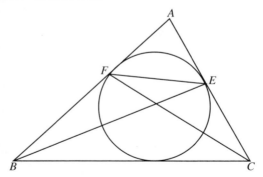

72. 截线定理

一条直线与△ABC 的边 AB，AC 分别相交于 F，E，又交 BC 的延长线于 D．求证：

本题的结论称为截线定理或 Menelaus 定理．

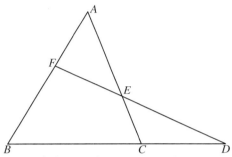

73. Ceva 定理

P 为△ABC 内一点，AP，BP，CP 延长后分别交对边于 D，E，F．求证：

$$\frac{BD}{DC} \times \frac{CE}{EA} \times \frac{AF}{FB} = 1.$$

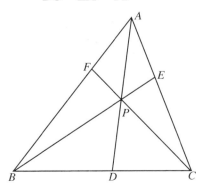

74. 角元形式

在 $\triangle ABC$ 中，D，E，F 分别在边 BC，CA，AB 上. 如果

$$\frac{\sin\angle BAD}{\sin\angle DAC} \times \frac{\sin\angle CBE}{\sin\angle EBA} \times \frac{\sin\angle ACF}{\sin\angle FCB} = 1, \tag{1}$$

那么 AD，BE，CF 三线共点.

反之，如果 AD，BE，CF 共点，那么(1)成立.

试证明上述结论.

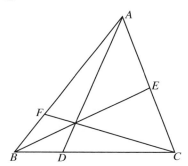

75. Gergonne 点

$\triangle ABC$ 的内切圆分别切 BC，CA，AB 于 D，E，F.

求证：AD，BE，CF 共点.

这点称为 Gergonne 点.

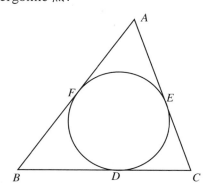

76. 等角共轭点

已知 $\angle BAC$ 中的两条射线 AP，AP'，如果满足 $\angle BAP = \angle P'AC$，那么 AP，AP' 就称为关于 $\angle BAC$ 的等角线.

如果在 $\triangle ABC$ 中，AP，BQ，CR 相交于一点. 求证：它们分别关于 $\angle BAC$，$\angle ABC$，$\angle ACB$ 的等角线 AP'，BQ'，CR' 也相交于一点.

77. 又一个三线共点

设 AD，BE，CF 为锐角三角形 ABC 的三条高，D，E，F 分别在 BC，CA，AB 上. $\triangle AEF$，$\triangle BFD$，$\triangle CDE$ 的内切圆分别切 EF，FD，DE 于 P，Q，R.

求证：AP，BQ，CR 三线共点.

78. 外角平分线

在 $\triangle ABC$ 中，BE，CF 是角平分线. 直线 FE 与直线 BE 相交于 D. 求证：AD 是 $\triangle ABC$ 的外角平分线.

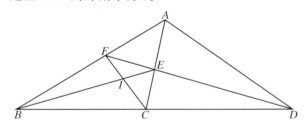

79. 完全四边形

四边形 $ABCD$ 的对边 BA，CD 延长后交于 E，DA 和 CB 的延长线交于 F. 对角线 AC，BD 交于 G，直线 EG 交 BC 于 P. 求证：

$$\frac{BP}{PC} = \frac{FB}{FC}.$$

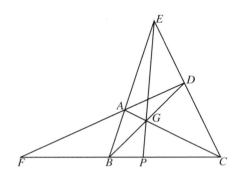

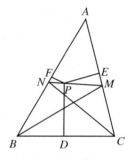

80. 以一当二

在△ABC 中，BM，CN 为角平分线．点 P 在线段 MN 上．过 P 分别作 BC，CA，AB 的垂线，垂足分别为 D，E，F．求证：

$$PD = PE + PF.$$

81. 又是角平分线

P 为锐角三角形 ABC 内一点，过 P 分别作 BC，CA，AB 的垂线，垂足分别为 D，E，F，BM 为∠ABC 的平分线，MP 的延长线交 AB 于点 N．已知 $PD = PE + PF$．求证：CN 是∠ACB 的平分线．

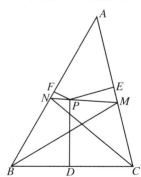

82. Simson 线

自△ABC 的外接圆上一点 P 向三边作垂线,垂足分别为 D,E,F.求证:D,E,F 三点共线.

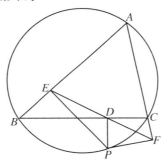

83. 谬证一例

定理 三角形都是等腰三角形.

证明 设△ABC 中,角平分线 AD 与 BC 的垂直平分线相交于 K.过 K 作 KE⊥AB,KF⊥AC.E,F 为垂足.

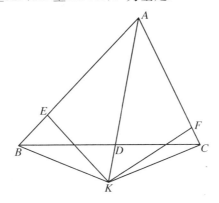

因为 K 在角平分线 AD 上,所以 KE = KF.
$$Rt\triangle KEA \cong Rt\triangle KFA,$$
$$AE = AF. \tag{1}$$

因为 K 在 BC 的垂直平分线上，所以 $KB = KC$.

$$\text{Rt}\triangle KEB \cong \text{Rt}\triangle KFC,$$

$$EB = FC. \qquad\qquad (2)$$

$(1) + (2)$，得

$$AB = AC.$$

因此一切三角形都是等腰三角形.

上面的定理是荒谬的，因此证明一定有错. 错在哪里？

84. 根轴

$\odot O_1, \odot O_2$ 相交于 E, F. 过点 P 的两条直线分别交 $\odot O_1$ 于 A, B，交 $\odot O_2$ 于 C, D. 求证：

$$PA \times PB = PC \times PD \qquad\qquad (1)$$

的充分必要条件是 P 在直线 EF 上.

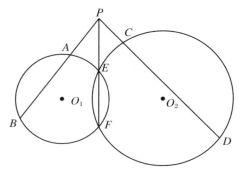

85. 重要之点

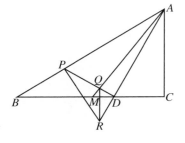

在 $\triangle ABC$ 中，M 是 BC 中点，AD 是角平分线. 过 D 且垂直于 AD 的直线分别交 AB，AM 于 P，Q. 过 P 且垂直 AB 的直线交 AD 于 R.

求证：$RQ \perp BC$.

86. 合二而一

过∠BAC内一点P作直线PB,PC,分别交AC,AB于E,F.再过P作AB,AC的平行线,分别交AC,AB于K,L.直线EF与KL交于Q.

求证:PQ // BC.

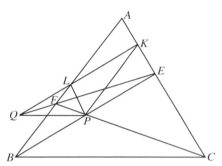

87. 一道题的纯几何证明

已知:在非等腰三角形ABC中,I为内心.AI,BI,CI分别交对边于D,E,F.DE,DF分别交BI,CI于P,Q.

求证:E,F,P,Q四点共圆的充分必要条件是∠BAC = 120°.

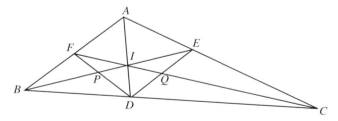

88. 充分必要

设I是△ABC的内心.直线BI,CI分别交CA,AB于E,F.过I且垂直于EF的直线分别交EF,BC于P,Q.

求证: $IQ = 2IP$ 的充分必要条件是 $\angle BAC = 60°$.

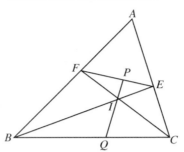

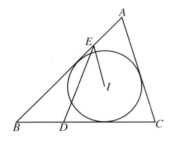

89. 笨办法? 好办法?

在 $\triangle ABC$ 中, $\angle A = 60°$, D 在 BC 上, $BD = \dfrac{1}{3}BC$. 过内心 I 作 AC 的平行线交 AB 于 E.

求证: $\angle BED = \dfrac{1}{2}\angle CBA$.

90. 换了包装

设 A,B 为 $\odot O$ 内两点, 并且关于 O 对称. P 在 $\odot O$ 上, PA,PB 又分别交 $\odot O$ 于 C,D. 在 C,D 的切线相交于 Q. M 为线段 PQ 的中点.

求证: $OM \perp AB$.

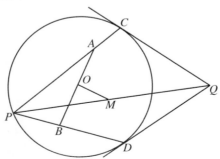

91. 旧瓶新酒

　　$\triangle ABC$ 的内切圆圆心为 I,切点为 D,E,F. DD' 为 $\odot I$ 的直径. 过 I 作 AD' 的垂线,分别交 DE,DF 于 N,M. 求证: $IM = IN$.

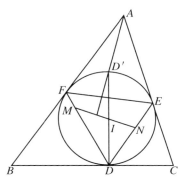

六 轨迹与作图

欧几里得几何学的作图工具限定为圆规与直尺.因此,许多作图,例如三等分任意角,就无法完成.

但就培养思维能力这一点而言,限定工具是有益的.

现在作图的工具已有很大的发展,例如几何画板,可以产生很多新的几何轨迹,这应当有专门的书籍介绍.本书只介绍了几个熟知的结果.

92. 最少用几次圆规

已知$\angle AOB$,要作它的平分线.通常的作法是以 O 为圆心,任作一圆分别交 OA,OB 于 C,D.再分别以 C,D 为圆心,同样长(比如说CO)为半径作圆交于 E.OE 就是 $\angle AOB$ 的平分线.

上面的作图中用到了 3 次圆规.

能不能只用 2 次圆规作出角平分线(直尺可用任意多次)?能不能只用 1 次圆规?

作角平分线,最少要用几次圆规?

93. 作方程的根

已知线段 m,n.

$$\underline{\qquad m \qquad} \qquad \underline{\qquad n \qquad}$$

如何用直尺、圆规作出方程

$$x(x - n) = m^2 \tag{1}$$

的正根?

94. 作三角形

已知△ABC 的∠$A = \alpha$,$BC = a$,角平分线 $AD = n$.求作△ABC.

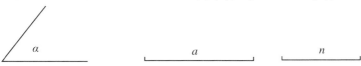

95. 等幂轴(根轴)

⊙O 外一点 P,对⊙O 的幂定义为 $OP^2 - R^2$,其中 R 为⊙O 的半径.

已知⊙O_1,⊙O_2,O_1 与 O_2 不同.求关于这两个圆的幂相等的轨迹.

96. 一个轨迹

⊙O_1,⊙O_2 相交于 A,B.P 在⊙O_1 上,PA,PB 又交⊙O_2 于 Q,R.
求证:△PQR 的外心在一个定圆上.

换句话说,当 P 点在⊙O_1 上运动时,相应地,△PQR 的外心在一个定圆上移动.这个定圆是这外心的轨迹.

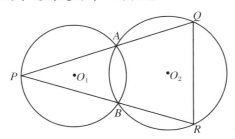

97. Apollonius 圆

设 λ 为大于 1 的已知数,B,C 为已知点.求满足 $\dfrac{AB}{AC} = \lambda$ 的点 A

的轨迹.

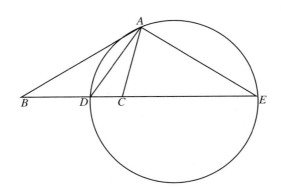

98. 对称的点

P 为△ABC 内部一点,$AB \cdot PC = AC \cdot PB$.点 P 关于 BC 的对称点为 Q.求证:$\angle BAP = \angle QAC$.

99. 在那遥远的地方

圆中的四边形 $ABCD$ 的对角线相交于 E.对边 AD,BC 接近平行但不平行,因此 AD,BC 相交,但交点 F 却"在那遥远的地方",可望而不可即.

如何准确地作出直线 EF?

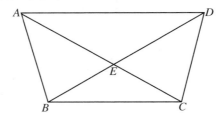

100. 不用圆规行吗?

只用直尺不用圆规能作已知角的平分线吗?

解 答 部 分

一　计　算　题

1. 特殊的四边形

四边形 $ABCD$ 中,$\angle ABC = \angle ADC = 90°$,$AB = BC$.已知 $S_{ABCD} = 16$,求点 B 到 CD 的距离 BE.

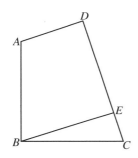 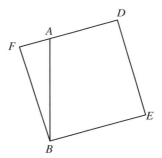

解　本题简单,但最简单的解法并非人人都能想到.

将 $\triangle BEC$ 移到左边 $\triangle BFA$ 的位置.

图形变成正方形 $FBED$,面积仍为 16,边长
$$BE = 4.$$
本题可以改为"已知 $BE = 4$,求 S_{ABCD}".

2. 恢复原状

在四边形 $ABCD$ 中,$AB = BC = CD$,$\angle ABC = 90°$,$\angle BCD = 150°$. 求 $\angle BAD$.

这个图形其实是从一个很标准的图形中切出来的.

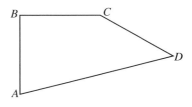

解　作正方形 $ABCE$,连 DE.

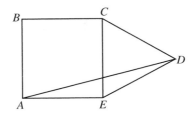

因为$\angle BCD = 150°$,所以
$$\angle ECD = \angle BCD - 90° = 60°.$$
又
$$CE = BC = CD,$$
所以$\triangle CED$ 是正三角形.

在$\triangle AED$ 中,$\angle AED = 90° + 60° = 150°$,$AE = ED$,所以
$$\angle EAD = \angle EDA = \frac{1}{2}(180° - 150°) = 15°.$$
$$\angle BAD = 90° - \angle EAD = 75°.$$

很多几何图形,就像古代建筑,只留下一部分,需要恢复原状才能更好地彰显它的特性.

3. 五块面积

图中 P 为平行四边形内的一点.已知 $S_{\triangle PAB} = 10$,$S_{\triangle PAD} = 6$. $S_{\triangle PAC}$能否求出?如果能,它的值是多少?

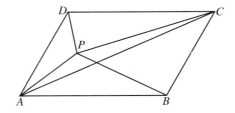

解　先看一个特殊情况:P 在对角线 BD 上.

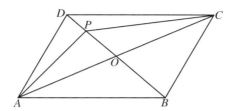

设对角线 AC, BD 相交于 O,则 O 是 BD 中点,也是 AC 中点,所以

$$S_{\triangle PAC} = 2S_{\triangle PAO} = (S_{\triangle DAO} - S_{\triangle PAD}) + S_{\triangle PAO}$$
$$= S_{\triangle AOB} - S_{\triangle PAD} + S_{\triangle PAO}$$
$$= S_{\triangle PAB} - S_{\triangle PAD}$$
$$= 10 - 6 = 4.$$

于是,我们很快就得到了答案.

一般情况呢?

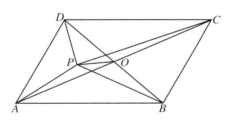

仍设 O 为 AC, BD 交点.连 PO.与上面特殊情况类似,有

$$S_{\triangle PAC} = 2S_{\triangle PAO} = (S_{\triangle DAO} - S_{\triangle PAD} - S_{\triangle PDO}) + S_{\triangle PAO}$$
$$= S_{\triangle AOB} - S_{\triangle PAD} - S_{\triangle POB} + S_{\triangle PAO}$$
$$= S_{ABOP} - S_{\triangle POB} - S_{\triangle PAD}$$
$$= S_{\triangle PAB} - S_{\triangle PAD}$$
$$= 10 - 6 = 4.$$

所以从特殊情况不但可以猜出答案,而且它的解法往往是处理一般情况的钥匙.

4．八边形面积

如图，一个边长为 1 的正方形 $ABCD$，将顶点与边的中点（E，F，G，H）相连，得一个八边形（阴影部分）．求这个八边形的面积．

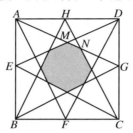

解　不要想得太复杂．先考虑一下 $S_{\triangle AEM}$：

$$S_{\triangle AEM} = \frac{1}{4} S_{AEGD} = \frac{1}{4} \times 1 \times \frac{1}{2} = \frac{1}{8}.$$

再考虑 $S_{\triangle ANH}$．

在 $\triangle ACD$ 中，AG，CH 都是中线．我们知道三条中线将三角形分为 6 个面积相等的三角形（图 4.1）．所以

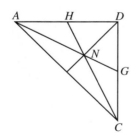

图 4.1　　　　　　　　　　　　图 4.2

$$S_{\triangle AHN} = \frac{1}{6} S_{\triangle ACD} = \frac{1}{6} \times \frac{1}{2} \times 1 \times 1 = \frac{1}{12}.$$

八边形的四周有 4 个形如 $AEMNH$ 的五边形（图 4.2）．而每一个五边形的面积都是

$$\frac{1}{8} + \frac{1}{12} = \frac{5}{24},$$

所以八边形的面积是

$$1 - 4 \times \frac{5}{24} = \frac{1}{6}.$$

5. 图形分解

在四边形 $ABCD$ 中,已知 $AD = BC = CD$, $\angle ADC = 80°$, $\angle BCD = 160°$. 求 $\angle BAD$.

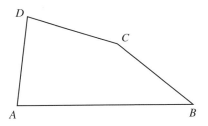

这个图形能分解成比较规则的图形吗?

解 在四边形 $ABCD$ 内作正三角形 ADE.

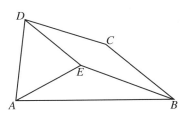

$$\angle EDC = \angle ADC - 60° = 20°$$
$$= 180° - \angle BCD,$$

所以 $ED /\!/ BC$.

又 $ED = AD = BC = DC$, 所以四边形 $BCDE$ 是菱形, $EA = EB$, $\angle DEB = \angle DCB = 160°$.

$$\angle AEB = 360° - \angle AED - \angle DEB = 360° - 60° - 160° = 140°,$$

$$\angle EAB = \angle EBA = \frac{180° - \angle AEB}{2} = 20°,$$

$$\angle BAD = \angle EAB + \angle DAE = 20° + 60° = 80°.$$

本题的图形分成一个正三角形($\triangle ADE$),一个菱形 $BCDE$,一个等腰三角形($\triangle EAB$),都是很规则的图形.

6. 两个等腰三角形

两个等腰三角形,一个顶角为 α,腰为 a,底为 b;另一个底角为 α,腰为 b,底为 a.求 α 及 $\dfrac{a}{b}$.

显然 $a = b$ 时,$\alpha = 60°$,$\dfrac{a}{b} = 1$.但还有其他可能.

解　不妨设 $a > b$.先画个草图:

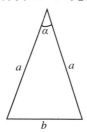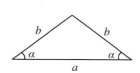

图 6.1

设想(或剪两个三角形纸片)将这两个三角形动起来,拼合在一起.

由于两个三角形有相等的边,可以拼成图 6.2 或图 6.3.

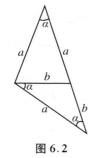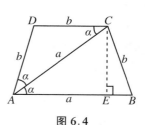

图 6.2　　　　　**图 6.3**　　　　　**图 6.4**

图 6.3 更好,它是一个梯形(因为 $\angle BAC = \angle ACD = \alpha$,所以 $AB \parallel CD$),而且是一个等腰梯形.就是位置放得不好.

画成图 6.4 更合乎习惯.

从图 6.4 可以看出底角 $\angle DAB = 2\alpha$,所以 $\angle CBA = 2\alpha$,$\angle ACB = \angle CBA = 2\alpha$.从而

$$\alpha + 2\alpha + 2\alpha = 180°,$$

$$\alpha = \frac{180°}{5} = 36°.$$

作 AB 的垂线 CE, E 为垂足. 易知

$$BE = \frac{a-b}{2}, \quad AE = \frac{a+b}{2},$$

由勾股定理:

$$a^2 - \left(\frac{a+b}{2}\right)^2 = b^2 - \left(\frac{a-b}{2}\right)^2,$$

从而推出

$$\frac{a}{b} = \frac{\sqrt{5}+1}{2}.$$

当然, $\frac{b}{a} = \frac{\sqrt{5}+1}{2}$, 即 $\frac{a}{b} = \frac{\sqrt{5}-1}{2}$ 也是本题的解.

这种解法, 将两个等腰三角形拼在一起是关键的一步.

图形原本是相关联的. 将分散的图形移近了或拼起来, 图形之间的关联更加紧密. 问题也就容易解决了.

7. 构成三角形

在 $\triangle ABC$ 的三边上向外作正方形 $BCDE$, $ACFG$, $BAHI$. 连 DF, GH, IE.

求证: DF, GH, IE 这三条线段可以构成三角形. 并指出这个三角形与 $\triangle ABC$ 的面积有何关系.

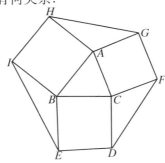

解　如果 DF, GH, IE 中,每一条小于其他两条的和,那么它们就可以组成三角形.

但 DF, GH, IE 的长不容易计算,而比较它们的长度更是非常麻烦.

更好的方法是将 3 个三角形 $\triangle CDF, \triangle AGH, \triangle BIE$ 直接拼成一个三角形,它以 DF, GH, IE 为三条边.

注意 $CD = BE$,所以 $\triangle BIE$ 与 $\triangle CDF$ 可以拼在一起(CD 与 BE 重合).这时(B 与 C 重合)

$$\begin{aligned}\angle IBF &= 360° - \angle IBE - \angle DCF\\&= (180° - \angle IBE) + (180° - \angle DCF)\\&= \angle ABC + \angle ACB\\&= 180° - \angle BAC\\&= \angle HAG.\end{aligned}$$

正好将 $\triangle HAG$ 拼入,而且 $HA = IB, AG = CF$,所以 3 个三角形正好拼成 $\triangle EFI$(E, D 重合,F, G 重合,I, H 重合.A, B, C 重合).

因为 $\angle IBE = 180° - \angle ABC, BI = AB, BE = BC$,所以 $S_{\triangle BIE} = S_{\triangle ABC}. S_{\triangle CDF}, S_{\triangle HAG}$ 也是如此.从而 DE, GH, IE 组成的三角形,面积是 $\triangle ABC$ 的 3 倍.

8. 30°的角

在四边形 $ABCD$ 中,$\angle DAC = 12°$,$\angle CAB = 36°$,$\angle ABD = 48°$,$\angle DBC = 24°$.求 $\angle ACD$.

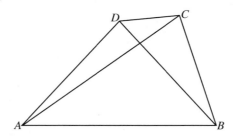

解　如果图作得准一些,可以看出$\angle ACD = 30°$.但我们学习平面几何,不能满足于猜出(或量出)答案,而是要用逻辑推理的方法,证明这一结论.

先看一看我们能得到哪些结论.易知

$$\angle DAB = \angle DAC + \angle CAB = 48° = \angle ABD,$$

所以 $DA = DB$.

又

$$\angle ABC = \angle ABD + \angle DBC = 72°,$$

$$\angle ACB = 180° - \angle CAB - \angle ABC = 72° = \angle ABC,$$

所以 $AB = AC$.

注意这时,有

$$\angle DAC + \angle DAB = 12° + 48° = 60°. \tag{1}$$

将$\triangle ADC$沿AD翻转,形成$\triangle ADG$.

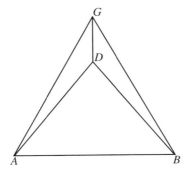

因为 $AG = AC = AB$,$\angle GAB = \angle DAC + \angle DAB = 60°$,所以$\triangle GAB$ 是正三角形.$GA = GB$.

因为 $GA = GB$,$DA = DB$,所以 GD 就是边 AB 的垂直平分线,因而也是$\angle AGB$的平分线,$\angle AGD = \dfrac{1}{2}\angle AGB = 30°$,即

$$\angle ACD = 30°.$$

发现(1)是解决本题的关键.

9. 依然故我

在四边形 $ABCD$ 中，$AB = AC$，$DA = DB$，$\angle ADB + \angle CAB = 120°$．求 $\angle ACD$．

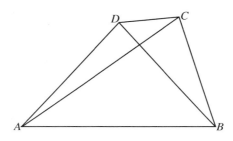

这道题可以与上一道题比较一下．

解

$$\angle DAC + \angle DAB = \angle DAC + \angle DBA$$
$$= 180° - (\angle ADB + \angle CAB)$$
$$= 60°.$$

所以仍可像上题一样将 $\triangle ACD$ 翻转，产生正三角形 ABG（图见上题）．从而 $\angle ACD = 30°$．

10. 梯形的底角

下图的梯形 $ABCD$ 中，$AD /\!/ BC$，$AD = DC$，$BD = BC$，$\angle DBC = 20°$．求 $\angle ABC$．

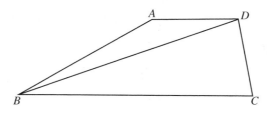

解 设 CD 中点为 E，因为 $BD = BC$，所以 $BE \perp CD$，$\angle DBE =$

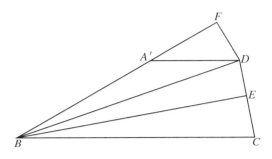

$$\angle EBC = \frac{1}{2}\angle DBC = 10°.$$

将 $\triangle BDE$ 关于 BD 翻转,变成 $\triangle BDF$,则

$$\angle FBC = \angle FBD + \angle DBC = \angle DBE + \angle DBC = 30°.$$

过 D 作 BC 的平行线交 BF 于 A',则

$$\angle FA'D = \angle FBC = 30°,$$

而 $\angle BFD = \angle BED = 90°$,所以

$$A'D = 2DF = 2DE = DC.$$

与原图比较,DA'、DA 都与 BC 平行,所以射线 DA' 与 DA 重合.
又 $A'D = AD = DC$,所以 A' 与 A 重合.

$$\angle ABC = \angle A'BC = 30°.$$

评注　原图难以求出 $\angle ABC$.我们换了一个梯形 $A'BCD$,其中
$\angle A'BC = 30°$.然后利用"直角三角形有一个锐角为 $30°$ 时,斜边是 $30°$
角所对边的 2 倍",得出 $A'D = 2DF = DC = AD$.从而 A' 与 A 是同一
点,梯形 $A'BCD$ 与 $ABCD$ 是同一个梯形.这种方法就称为同一法,是
绕过困难的好方法.

11. 摩天大楼

D 为等腰三角形 ABC 底边 BC 的中点.E,F 分别在 AC 及其延长
线上.已知 $\angle EDF = 90°$,$ED = DF = 1$.$AD = 5$.求线段 BC 的长.

这个图形瘦而长,像座摩天大楼.

解　作 $DG \perp AC$,G 为垂足.

在等腰直角三角形 DEF 中,有

$$DG = \frac{1}{2} EF = \frac{\sqrt{2}}{2}.$$

所以由勾股定理:

$$AG = \sqrt{AD^2 - DG^2} = \frac{7}{\sqrt{2}}.$$

因为

$$\text{Rt}\triangle CGD \backsim \text{Rt}\triangle DGA,$$

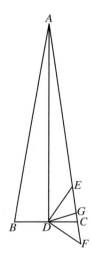

所以

$$\frac{CD}{GD} = \frac{DA}{GA},$$

$$CD = \frac{GD \times DA}{GA} = \frac{5}{7},$$

$$BC = 2CD = \frac{10}{7}.$$

12. 勾三股四

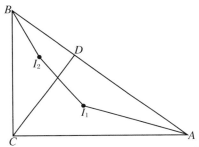

直角三角形 ABC 中，$AC = 4$，$BC = 3$．CD 是斜边上的高．I_1，I_2 分别是△ADC，△BDC 的内心．求 $I_1 I_2$．

解 熟知斜边 $AB = 5$．设内切圆圆心为 I，切三边于 E，F，N，则

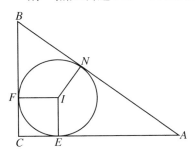
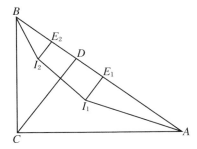

$$CE = CF = \frac{1}{2}(BC + CA - AB) = 1.$$

即⊙I 的半径 $r = 1$（我国古代即知道勾三股四弦五黄方二，黄方就是内切圆的直径）．

因为△ACD∽△ABC，△CBD∽△ABC，相似比分别为 $\frac{4}{5}$，$\frac{3}{5}$，所以⊙I_1 的半径 $r_1 = \frac{4}{5}$，⊙I_2 的半径 $r_2 = \frac{3}{5}$．

设 I_1，I_2 在 AB 上的射影分别为 E_1，E_2，则 $I_1 E_1 = DE_1 = r_1$，$I_2 E_2 = DE_2 = r_2$．

在直角梯形 $I_1 E_1 E_2 I_2$ 中，有
$$I_1 I_2 = \sqrt{E_1 E_2^2 + (I_1 E_1 - I_2 E_2)^2}$$

$$= \sqrt{(r_1 + r_2)^2 + (r_1 - r_2)^2}$$
$$= \sqrt{2(r_1^2 + r_2^2)}$$
$$= \sqrt{2}.$$

13. 线段的比(一)

已知: C 在以 AB 为直径的 $\odot O$ 上,过 B, C 作 $\odot O$ 的切线,交于点 P. 连 AC. 已知 $OP = \dfrac{9}{2} AC$. 求 $\dfrac{PB}{AC}$.

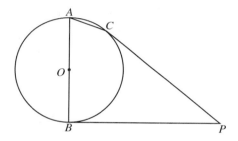

解　不妨设 $AC = 2, OP = 9$. 又设 $\odot O$ 半径为 r. 连 OC, OP, BC.

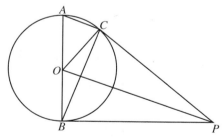

易知 $\angle OPC = \angle OPB = 90° - \angle CBP = \angle OBC$,所以

$$\text{Rt} \triangle ABC \backsim \text{Rt} \triangle OPC,$$

$$\frac{AB}{AC} = \frac{OP}{OC}.$$

即

$$\frac{2r}{2} = \frac{9}{r}.$$

所以

$$r^2 = 9, \quad r = 3.$$

$$PB = \sqrt{OP^2 - OB^2} = \sqrt{9^2 - 3^2} = 6\sqrt{2}.$$

即

$$\frac{PB}{AC} = 3\sqrt{2}.$$

取 $AC = 2$,可避免分数运算.

14. 线段的比(二)

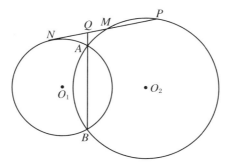

过 P 点作 $\odot O_1$ 的切线 PN,切点为 N. M 是线段 PN 的中点. $\odot O_2$ 过 P,M 两点,交 $\odot O_1$ 于 A,B 两点.直线 AB 交 PN 于 Q.

求证:$PM = 3MQ$.

证明　设 $MQ = x$,$PM = y$,则因为 M 是 PN 中点,有

$$QN = MN - MQ = y - x,$$

$$(y - x)^2 = QA \times QB = QM \times QP = x(x + y).$$

所以

$$y^2 = 3xy,$$

约去 y,得

$$y = 3x.$$

15. 利用方程

　　A,B,C,D 为一条直线上的顺次四点,并且 $AB:BC:CD=2:1:3$.分别以 AC,BD 为直径作圆,两圆相交于 E,F.求 $ED:EA$ 的值.

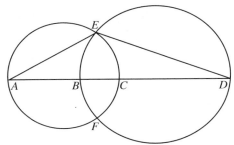

　　本题可以利用方程来求未知的量.

　　解　连 EB,EC.

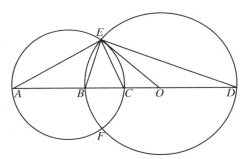

　　又连 EO,O 为 BD 中点,也就是 $\odot BED$ 的圆心.

　　不妨设 $BC=1,AB=2,CD=3$.易知

$$BD=1+3=4,\quad OB=2,\quad OC=CB=1,\quad AC=2+1=3.$$

　　设 $EA=x,EB=u,EC=v,ED=y$.因为 AC 是 $\odot AEC$ 的直径,所以

$$x^2+v^2=3^2. \tag{1}$$

同样

$$y^2+u^2=4^2. \tag{2}$$

　　在 $\triangle EBO$ 中,EC 是中线,所以

$$2(u^2 + 2^2) = 2^2 + (2v)^2,$$

即

$$u^2 = 2v^2 - 2. \tag{3}$$

由(1)、(3)消去 v^2,得

$$2x^2 + u^2 = 16. \tag{4}$$

比较(2)、(3),得

$$y^2 = 2x^2, \tag{5}$$

即

$$ED : EA = y : x = \sqrt{2}. \tag{6}$$

本题虽出现 4 个字母 x, u, v, y,但 3 个方程已足够得出 $y : x$.

16. 计算勿繁

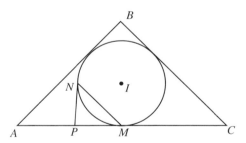

$\triangle ABC$ 中,$BA = BC = 5$,$AC = 7$.$\odot I$ 是$\triangle ABC$ 的内切圆,切 AC 于 M.过 M 作 BC 的平行线,又交 $\odot I$ 于 N.过 N 作 $\odot I$ 的切线,交 AC 于 P.求 $MN - NP$.

这是一道计算题.计算应尽量简明.

解　设 $\odot I$ 切 BC 于 E.$IE = IM = \odot I$ 半径 r.

切线 $PN = PM$,并且 $IP \perp MN$.设 IP 交 MN 于 F.$IE \perp BC$,因为 $MN /\!/ BC$,所以 $IE \perp MN$,E 在直线 PI 上.易知

$$\triangle IPM \cong \triangle IBE,$$

所以

$$PM = BE = \frac{1}{2}(AB + BC - AC) = \frac{3}{2}.$$

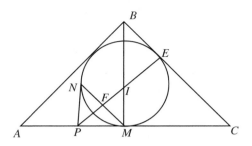

又

$$\triangle IMF \backsim \triangle IBE \backsim \triangle CBM,$$

$$\frac{MF}{BE} = \frac{IM}{IB} = \frac{IE}{IB} = \frac{CM}{CB} = \frac{\dfrac{7}{2}}{5} = \frac{7}{10}.$$

$$MN = 2MF = 2 \times BE \times \frac{7}{10} = 3 \times \frac{7}{10} = \frac{21}{10}.$$

$$MN - NP = \frac{21}{10} - \frac{3}{2} = \frac{6}{10} = \frac{3}{5}.$$

本题也可利用三角函数来解.

注意 BM, r 都没有必要去求. 我们的解法中没有出现无理数.

17. 代数运算

已知: a, b, c 为正数, 满足以下条件:

$$a + b + c = 32;\tag{1}$$

$$\frac{b+c-a}{bc} + \frac{c+a-b}{ca} + \frac{a+b-c}{ab} = \frac{1}{4}.\tag{2}$$

是否存在以 $\sqrt{a}$, $\sqrt{b}$, $\sqrt{c}$ 为三边长的三角形? 如果存在, 求出这个三角形的最大角.

本题虽与三角形有关, 但主要内容是代数运算.

解　看到这题, 有两个想法: 一是化简, 将复杂的(2)化简(利用(1)); 二是试找一个特殊值, 使(1)、(2)成立. 虽然这些想法未必奏效(进一步做下去才能看出能否成功), 但都可以试试.

先来找特殊值. (2)的左边有 3 个分式, 取 $c = a + b = 16$, 则(2)变

得比较简单，它的

$$左边 = \frac{2b}{bc} + \frac{2a}{ca} = \frac{4}{c}$$
$$= \frac{4}{16} = \frac{1}{4} = 右边.$$

所以 $c = a + b = 16$ 是满足要求的正数（正数 a, b 只要满足 $a + b = 16$ 即可）.

当然，满足(1)、(2)的正数 a, b, c 还有其他的情况. 由对称，$a = b + c = 16$，或者 $b = a + c = 16$ 也都满足要求.

有没有其他满足的正数？是否上述情况就是全部的可能情况？

为了回答这个问题，需要上面所说的对(2)的化简. 将 $\frac{1}{4}$ 移到左边，并乘以 $4abc$，(2)的左边变成

$$\sum 4a(b + c - a) - abc$$
$$= \sum 8a(16 - a) - abc$$
$$= 8 \times 16 \sum a - 8 \sum a^2 - abc$$
$$= 16^3 - 8\left[\left(\sum a\right)^2 - 2\sum ab\right] - abc$$
$$= 16^3 - 8\left(32^2 - 2\sum ab\right) - abc$$
$$= 16^3 - (a + b + c) \times 16^2 + 16\sum ab - abc$$
$$= (16 - a)(16 - b)(16 - c).$$

所以(2)变成：

$$(16 - a)(16 - b)(16 - c) = 0.$$

从而 $a = 16, b = 16, c = 16$ 这三种情况至少有一种成立.

不妨设 $c = a + b = 16$. 这时，有

$$(\sqrt{a})^2 + (\sqrt{b})^2 = (\sqrt{c})^2.$$

所以存在以 $\sqrt{a}, \sqrt{b}, \sqrt{c}$ 为边的三角形. 并且这个三角形是直角三角形，即最大角为直角.

18. 面积与周长(一)

两个直角三角形,面积与周长都相等.这两个直角三角形是否全等?

解　这两个直角三角形全等.

设 $\triangle ABC$ 中, $\angle C = 90°$. $BC = a$, $AC = b$, $AB = c$, $a \leqslant b < c$.

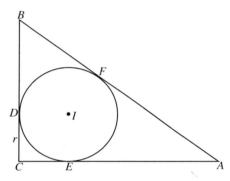

内切圆切三边于 D, E, F, 半径为 r. 三角形面积为 $\triangle$, 半周长为 s.

设 $\triangle$, s 为定值, 则 $r = \dfrac{\triangle}{s}$ 为定值. 易知

$$a + b - c = 2r \quad (BC + CA - AB = 2r).$$

而

$$a + b + c = 2s,$$

所以

$$c = s - r$$

为定值. 再由

$$a + b = s + r,$$
$$ab = 2\triangle,$$

得

$$(a - b)^2 = (s + r)^2 - 8\triangle.$$

所以

$$a = \frac{1}{2}\left[s + r - \sqrt{(s + r)^2 - 8\triangle}\,\right],$$

$$b = \frac{1}{2}\left[s + r + \sqrt{(s + r)^2 - 8\Delta}\right]$$

为定值.

因此两个直角三角形,如果周长与面积都相等,那么它们对应边的边长也都相等,这两个三角形全等.

19. 一个最大值

两圆同心,半径分别为 $2\sqrt{6}$ 与 $4\sqrt{3}$. 矩形 $ABCD$ 的边 AB,CD 分别为两圆的弦. 在这个矩形面积最大时,它的周长是多少?

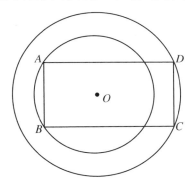

解 关键在定出什么时候,矩形 $ABCD$ 的面积最大.

连接圆心 O 与 A,D,又设 O 到 AD 的距离为 OE.

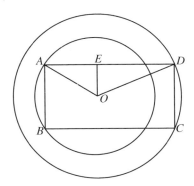

$\triangle OAD$ 的面积是矩形 $ABCD$ 的 $\frac{1}{4}$. 因此, 只需问什么时候, $S_{\triangle OAD}$ 最大.

$OA = 2\sqrt{6}, OD = 4\sqrt{3}$ 均为定值. 所以 $S_{\triangle OAD}$ 在 $\angle AOD = 90°$ 时, 取得最大值 (最大值是 $\frac{1}{2} \times 2\sqrt{6} \times 4\sqrt{3} = 12\sqrt{2}$).

这时, $\triangle AOD$ 是直角三角形, 斜边

$$AD = \sqrt{OA^2 + OD^2} = \sqrt{24 + 48}$$
$$= 6\sqrt{2}.$$

斜边上的高

$$OE = \frac{OA \times OD}{AD} = \frac{2\sqrt{6} \times 4\sqrt{3}}{6\sqrt{2}} = 4.$$

所以矩形 $ABCD$ 的

$$周长 = 2(AD + AB)$$
$$= 2(6\sqrt{2} + 2 \times 4)$$
$$= 16 + 12\sqrt{2}.$$

20. 哈佛赛题

五边形 $ABCDE$ 满足以下条件:

（ⅰ）$\angle CBD + \angle DAE = \angle BAD = 45°$, $\angle BCD + \angle DEA = 300°$.

（ⅱ）$\dfrac{BA}{DA} = \dfrac{2\sqrt{2}}{3}$, $CD = \dfrac{7\sqrt{5}}{3}$, $DE = \dfrac{15\sqrt{2}}{4}$.

（ⅲ）$AD^2 \times BC = AB \times AE \times BD$.

求 BD.

本题是 2013 年美国哈佛大学组织的中学生数学竞赛中的一道几何题.

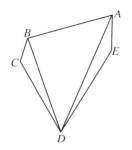 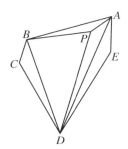

解　注意 $\angle BAD = \angle DAE + \angle CBD$，可以在 $\angle BAD$ 中取一点 P，使 $\angle BAP = \angle DAE$，$\angle ABP = \angle ADE$，这时

$$\triangle ABP \backsim \triangle ADE.$$

于是

$$\frac{AB}{AD} = \frac{AP}{AE}.$$

由（ⅲ），有

$$AD \times BC = \frac{AB \times AE \times BD}{AD}$$

$$= \frac{AP}{AE} \times AE \times BD$$

$$= AP \times BD,$$

即

$$\frac{AD}{AP} = \frac{BD}{BC}.$$

又 $\angle CBD = \angle BAD - \angle DAE = \angle BAD - \angle BAP = \angle PAD$，所以

$$\triangle CBD \backsim \triangle PAD.$$

$$\angle APB = \angle AED, \quad \angle APD = \angle BCD,$$

所以由（ⅱ），得

$$\angle BPD = 360° - (\angle APB + \angle APD)$$

$$= 360° - (\angle AED + \angle BCD)$$

$$= 360° - 300°$$

$$= 60°.$$

$$PB = DE \times \frac{AB}{AD} = \frac{15\sqrt{2}}{4} \times \frac{2\sqrt{2}}{3} = 5.$$

又在△ABD 中,由余弦定理及(ⅱ),有

$$BD^2 = AB^2 + AD^2 - 2AB \times AD\cos 45°,$$

$$\frac{3^2 \times BD^2}{AD^2} = (2\sqrt{2})^2 + 3^2 - 2 \times 3 \times 2\sqrt{2} \times \frac{\sqrt{2}}{2} = 5,$$

所以

$$PD = CD \times \frac{AD}{BD} = \frac{7\sqrt{5}}{3} \times \sqrt{\frac{9}{5}} = 7.$$

在△BPD 中,有

$$BD^2 = 5^2 + 7^2 - 2 \times 5 \times 7\cos 60° = 39,$$

$$BD = \sqrt{39}.$$

评注　△ADE,△CBD 的相似形△ABP,△PAD 正好"放进" △ABD 中,这是本题的关键.

21. 六边形面积

图中△$A_1A_3A_5$ 与△$A_4A_6A_2$ 全等,并且边对应平行. 如果 $S_{\triangle A_1B_5B_6} = 1$, $S_{\triangle A_2B_6B_1} = 4$, $S_{\triangle A_3B_1B_2} = 9$. 求 $S_{B_1B_2B_3B_4B_5B_6}$.

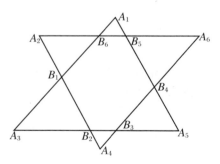

解　因为对边平行,四边形 $A_3B_3A_6B_6$ 是平行四边形, $A_3B_6 = B_3A_6$.

已知 $A_1A_3 = A_4A_6$,与上式相减,得

$$B_6A_1 = A_4B_3.$$

同理 $A_3 B_1 = B_4 A_6$，从而 $B_1 B_6 = B_3 B_4$．

　　图中所有三角形都是相似的，所以

$$S_{\triangle A_4 B_2 B_3} = S_{\triangle A_1 B_5 B_6} = 1,$$

$$S_{\triangle A_5 B_3 B_4} = S_{\triangle A_2 B_6 B_1} = 4,$$

$$S_{\triangle A_6 B_4 B_5} = S_{\triangle A_3 B_1 B_2} = 9.$$

$$S_{\triangle A_1 A_3 A_5} = \left(\frac{A_1 A_3}{A_1 B_6} \right)^2 S_{\triangle A_1 B_5 B_6}$$

$$= \left(\frac{A_1 B_6 + B_6 B_1 + B_1 A_3}{A_1 B_6} \right)^2$$

$$= (1 + 2 + 3)^2 = 36.$$

$$S_{B_1 B_2 B_3 B_4 B_5 B_6} = 36 - (1 + 4 + 9) = 22.$$

二 证明题（一）

22．一道初中赛题

如图，已知平行四边形 $ABCD$，$\angle BAD$ 的平分线分别与 BC，DC 的延长线交于点 E，F，点 O，O_1 分别为 $\triangle CEF$，$\triangle ABE$ 的外心．

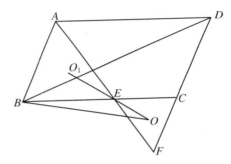

求证：（ⅰ）O，E，O_1 三点共线．

（ⅱ）$\angle OBD = \dfrac{1}{2} \angle ABC$．

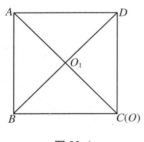

图 22.1

下面是几位师生关于这道题的讨论．

甲：老师最近做数学题吗？

师：我看到一道初中数学竞赛（2006年）的几何题．

乙：初中的题，不会太难吧．

甲：先看看题再说．

乙：（ⅰ）容易知道：

$$\angle O_1 EA = 90° - \angle ABC,$$

$$\angle OEF = 90° - \angle ECF.$$

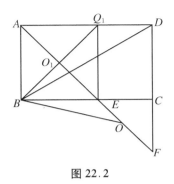

图 22.2

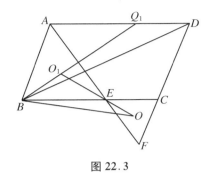

图 22.3

而$\angle ABC = \angle ECF$(内错角相等),所以
$$\angle O_1 EA = \angle OEF.$$
因此 O,E,O_1 三点共线.

　　甲:但是(ii)不容易. OB 这条线好像没有什么可以利用的信息.

　　乙:的确是不好证啊. 老师有什么好办法?

　　师:不要急. 多看看题目,还有什么可用的条件?

　　甲:AE 平分$\angle BAD$,这个条件还没有用.

　　乙:$\angle BEA = \angle EAD = \angle BAE$,所以 $BA = BE$. 等腰三角形顶角的平分线通过外心,所以 BO_1 就是$\angle ABC$ 的角平分线. 要证(ii),只要证明
$$\angle O_1 BD = \angle OBE, \tag{1}$$
怎样证明(1)呢?

　　甲:应当找两个相似的三角形,分别将这两个角"装"进去. $\triangle OBE$ 与$\triangle O_1 BD$ 分别有这两个角,但它们并不相似.

　　乙:设 O 在 BC 上的射影为 P,O_1 在 BD 上的射影为 P_1. 那么,$\triangle OPB$ 与$\triangle O_1 P_1 B$ 应当相似.

　　甲:应当相似,但你怎么证明它们相似呢?

　　乙(抓抓头):真没有办法证明它们相似. 老师有什么好办法?

　　师:我也没有什么好办法. 做这道题时同样遇到寻找相似三角形的困难. 我的办法是找一些特殊情况看看. 能否得到一些启发.

　　甲:如果平行四边形 $ABCD$ 是正方形(图 22.1),那么 AC 就是$\angle BAD$ 的平分线. $\triangle CEF$ 退化为点 C,O 也就是点 C. O_1 是 AC 的中

点,也就是 AC 与 BD 的交点. $\angle OBD = \dfrac{1}{2}\angle ABC$ 显然成立.

乙:如果平行四边形 $ABCD$ 是矩形(图 22.2),那么$\triangle CEF$ 是等腰直角三角形,外心 O 在斜边 EF 上,而且是 EF 中点.$\triangle ABE$ 也是等腰直角三角形,O_1 是 AE 的中点.

甲:这时 $\angle OEB = 135°$,如果延长 BO_1 交 AD 于 Q_1,那么 $\angle DQ_1B$ 也是 $135°$.应当有$\triangle DQ_1B \backsim \triangle OEB$.

乙:不难看出 $AQ_1 = AB = BE$,所以四边形 $ABEQ_1$ 是正方形,$BQ_1 = \sqrt{2}BE$.而 $QD = EC$.所以的确有$\triangle DQ_1B \backsim \triangle OEB$.因此这时(ⅱ)成立.

甲:对一般情况,延长 BO_1 交 AD 于Q_1(图 22.3),则$\triangle BQ_1D$ 与 $\triangle BEO$ 应当相似.我们有$\angle BQ_1D = 180° - \angle AQ_1B = 180° - \angle O_1BE = 180° - \angle O_1EB = \angle BEO$.但对应的边成比例不易看出.

乙:应该不难.仍有 $AQ_1 = AB = BE$,$Q_1D = EC$.四边形 $ABEQ_1$ 是菱形.$\triangle FEC \backsim \triangle AEB$,所以

$$\frac{Q_1 D}{OE} = \frac{EC}{OE} = \frac{BE}{O_1 E}. \tag{2}$$

又$\angle BO_1E = 2\angle BAE = \angle BAQ_1$,所以

$$\triangle BO_1 E \backsim \triangle BAQ_1,$$

$$\frac{BE}{O_1 E} = \frac{BQ_1}{AQ_1} = \frac{BQ_1}{BE}. \tag{3}$$

由(2)、(3)即得$\dfrac{Q_1 D}{OE} = \dfrac{BQ_1}{BE}$.所以$\triangle BQ_1 D \backsim \triangle BEO$,$\angle Q_1 BD = \angle EBO$,即(ⅱ)成立.

师:如果设$\angle BAD = 2\alpha$,那么$\angle EFC = \alpha$,则

$$Q_1 D = EC = OE \times 2\sin \alpha,$$

$$BQ_1 = AB \times 2\sin \alpha = BE \times 2\sin \alpha.$$

甲:这些步骤仔细想一想也能想出.本题最重要的还是延长 BO_1 交 AD 于Q_1,得出相似三角形$\triangle BQ_1 D$ 与 $\triangle BEO$.图 22.2 的特例的确很有启发.

23. 山上梯田

点 E 在梯形 $ABCD$ 的上底 AD 上. CE, BA 的延长线交于 F. 过点 E 作 BA 的平行线交 CD 的延长线于 M. BM, AD 相交于 N.

求证：$\angle AFN = \angle DME$.

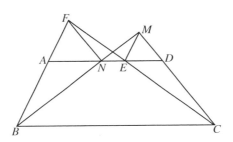

$\triangle FBC$, $\triangle MBC$ 像两座山，四边形 $ABCD$ 是山上梯田.

证明 延长 ME 交 BC 于 G. 因为 $ND /\!/ BC$, $EG /\!/ FB$，所以

$$\frac{ED}{NE} = \frac{GC}{BG} = \frac{EC}{FE}.$$

$$\triangle EFN \backsim \triangle ECD.$$

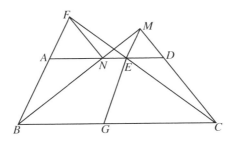

从而

$$\angle NFE = \angle DCE,$$
$$FN /\!/ CD.$$

又 $FB /\!/ EG$，所以

$$\angle AFN = \angle DME.$$

24. 两块拼板

　　两个三角形拼板,一个是△ABD,一个是△ADC.拼成△ABC,其中 $AB = CD$,$\angle BAD = 27°$,$\angle ABC = 42°$.

　　求证:必有 $AB = AC$.

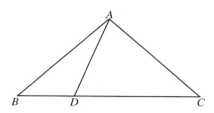

　　$AB = CD$ 这个条件应当合理地利用.

证明

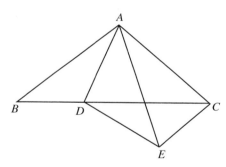

　　将△ABD 这块板放到△DCE 处(AB 与 DC 重合,AD 与 DE 重合,BD 与 CE 重合).

$$\angle ADE = \angle ADC + \angle CDE = \angle ADC + \angle BAD$$
$$= (\angle ABC + \angle BAD) + \angle BAD = 42° + 27° \times 2 = 96°.$$

因为 $DE = DA$,有

$$\angle DAE = \angle DEA = \frac{180° - \angle ADE}{2} = 42° = \angle DCE.$$

所以 A,D,E,C 四点共圆,有

$$\angle ACD = \angle AED = 42° = \angle ABC,$$
$$AB = AC.$$

　　条件 $AB = CD$ 保证了△ABD 可以移至△DCE.

25. 四点共线

　　$\odot O_1$ 与 $\odot O_2$ 外离.求证:它们的两条内公切线的中点,两条外公切线的中点,这四个点在一条直线上.

　　证明　连心线 O_1O_2 是整个图形的对称轴.外公切线 T_1T_2 与 $T_1'T_2'$ 关于 O_1O_2 对称,它们的中点 E,E' 也关于 O_1O_2 对称,所以 $EE'\perp O_1O_2$.如果两圆相等,那么 $EE'\ /\!/\ O_1T_1\ /\!/\ O_2T_2$,$EE'$ 与 O_1O_2 的交点就是线段 O_1O_2 的中点 D.

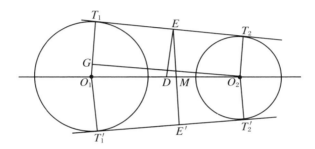

　　在两圆半径 r_1,r_2 不等时,设 EE' 交 O_1O_2 于 M.

　　因为梯形 $O_1O_2T_2T_1$ 中,DE 是中位线,所以 $DE\ /\!/\ O_1T_1$,$\angle EDM=\angle O_2O_1T_1$.过 O_2 作 $O_2G\ /\!/\ T_2T_1$ 交 O_1T_1 于 G,则

$$\mathrm{Rt}\triangle EDM\backsim\mathrm{Rt}\triangle O_2O_1G.$$

$$\frac{DM}{DE}=\frac{O_1G}{O_1O_2}.$$

而 $O_1G=O_1T_1-O_2T_2=r_1-r_2$,$DE=\dfrac{1}{2}(O_1T_1+O_2T_2)=\dfrac{r_1+r_2}{2}$,所以

$$DM=\frac{(r_1-r_2)(r_1+r_2)}{2O_1O_2}=\frac{r_1^2-r_2^2}{2O_1O_2}.\tag{1}$$

即 M 为 O_1O_2 上的定点,与 O_1O_2 的中点 D 的距离由(1)给出(这也包含 $r_1=r_2$,M 与 D 重合的情况).

　　同理可证两条内公切线的中点连线垂直于 O_1O_2,并且与 O_1O_2 的交点也是 M,即与 D 的距离由(1)给出(证明请读者自己补全),特

别地,在两圆相等时,M 与 D 重合,而且两条内公切线的中点也都是 D.

因此,四条切线的中点都在过 O_1O_2 上的定点 M 并且与 O_1O_2 垂直的直线上.

评注 没有必要将四条切线全画在一幅图上,将外公切线与内公切线分开处理比较好.

26. 余弦定理

半圆的直径是 AB. C,D 在圆上. 直线 AC,BD 相交于 E. 求证:
$$AB^2 = AE \times AC + BE \times BD.$$

有两种情况.

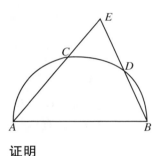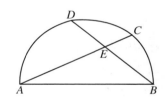

证明

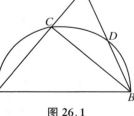

图 26.1　　　　　　　图 26.2

连 BC. 因为 AB 是直径,所以 $BC \perp AE$.

对图 26.1,在 $\triangle ABE$ 中,有
$$AB^2 = AC^2 + BC^2 = (AE - CE)^2 + BE^2 - CE^2,$$

即

$$AB^2 = AE^2 + BE^2 - 2AE \times CE$$
$$= AE^2 + BE^2 - AE \times CE - BE \times DE$$
$$= AE(AE - CE) + BE(BE - DE)$$
$$= AE \times AC + BE \times BD. \tag{1}$$

对图 26.2,上面的证明仍然适用,只需注意 AE,CE 是方向相反的有向线段,仍有

$$AE - CE = AC.$$

BE,DE 也是如此.

当然,如果不喜欢有向线段,那么(1)可写成 $AB^2 = AE^2 + BE^2 + 2AE \times EC$,再模仿上面的解法.

(1)就是余弦定理.其中

$$CE = BE\cos\angle AEB.$$

27. 内外二心

如图,在 $\triangle ABC$ 中,$AB > AC$. O,I 分别为外心、内心,并且 $AB - AC = 2OI$.

求证:(ⅰ) $OI /\!/ BC$.

(ⅱ) $S_{\triangle AOC} - S_{\triangle AOB} = 2S_{\triangle AOI}$.

证明　连 IA,IB,IC.设内切圆切 BC 于 D,BC 中点为 M,则 OM,ID 均与 BC 垂直.

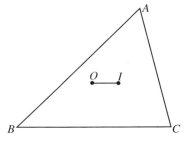

$$2OI = AB - AC = BD - DC = 2MD,$$
$$OI = MD. \tag{1}$$

因为 MD 是 OI 在 BC 的射影,所以

$$OI \geqslant MD.$$

现在等号成立,所以 $OI /\!/ BC$.

设 $\odot I$ 半径为 r,则

$$S_{\triangle AOC} - S_{\triangle AOB}$$

$$= (S_{\triangle AIC} + S_{\triangle OIC} + S_{\triangle AOI}) - (S_{\triangle AIB} - S_{\triangle AOI} - S_{\triangle OIB})$$

$$= S_{\triangle AIC} + 2S_{\triangle OIC} - S_{\triangle AIB} + 2S_{\triangle AOI}$$

$$= -\frac{1}{2}r \times (AB - AC) + 2S_{\triangle OIC} + 2S_{\triangle AOI}$$

$$= -r \times OI + 2S_{\triangle OIC} + 2S_{\triangle AOI}$$

$$= 2S_{\triangle AOI}.$$

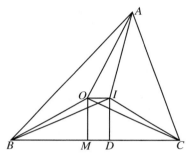

28．北大招生题

下面一道几何题是北京大学自主招生的试题.

已知：在 $\triangle ABC$ 中，有一点 L，使得

$$\angle LBC = \angle LCA = \angle LAB = \angle LAC.$$

求证：$\triangle ABC$ 的三边成等比数列.

证明　显然 AL 平分 $\angle BAC$. 设直线 AL 又交外接圆于 D，则 D 是 $\overset{\frown}{BC}$ 的中点，$DB = DC$.

现在出现两个三角形：$\triangle BLD$，$\triangle LDC$. 它们与原来的 $\triangle ABC$ 有什么关系？

因为

$$\angle BLD = \angle BAL + \angle ABL = \angle LBC + \angle ABL = \angle ABC,$$

$$\angle LDB = \angle BCA.$$

所以

$$\triangle BLD \backsim \triangle ABC.$$

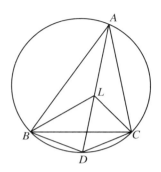

同样,有

$$\triangle LDC \backsim \triangle ABC.$$

于是

$$\triangle BLD \backsim \triangle LDC,$$

$$\frac{BL}{LD} = \frac{LD}{DC}.$$

从而

$$LD^2 = BL \times DC = BL \times DB,$$

即$\triangle BLD$ 的三边成等比数列,与它相似的$\triangle ABC$ 也是如此:

$$BC^2 = AB \times AC.$$

角平分线与外接圆的交点,在解题中很有用处,希望给它足够的重视.

29. 圆心在圆上

$\odot O_1, \odot O_2$ 相交于 A, B. $\odot O_1$ 的切线 BC 交$\odot O_2$ 于 C.已知:$BC = AB$.

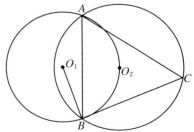

（ⅰ）证明 O_2 在 $\odot O_1$ 上.

（ⅱ）设 $\triangle ABC$ 的面积为 S. 求 $\odot O_1$ 的半径 R 的最小值（用 S 表示）.

一个圆的圆心不在这个圆上,却可以在另一个圆上.

（ⅰ）**证明**　$\angle O_2 BC = \dfrac{1}{2}(180° - \angle CO_2 B) = 90° - \angle CAB$.

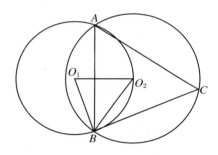

所以
$$\angle O_1 BO_2 = 90° - \angle O_2 BC = \angle CAB.$$

因为 $BC = AB$, 所以
$$\angle O_1 BO_2 = \angle CAB = \angle BCA = \frac{1}{2}\angle AO_2 B.$$

连心线 $O_1 O_2$ 是整个图形的对称轴,所以
$$\angle O_1 BO_2 = \frac{1}{2}\angle AO_2 B = \angle BO_2 O_1,$$
$$O_1 O_2 = O_1 B.$$

即 O_2 在 $\odot O_1$ 上.

（ⅱ）**解**　显然 $AB \leqslant 2R$. 所以
$$S \leqslant \frac{1}{2}AB \times BC = \frac{1}{2}AB^2 \leqslant \frac{1}{2}(2R)^2 = 2R^2,$$
$$R \geqslant \sqrt{\frac{S}{2}}.$$

下图中当 AB 为 $\odot O_1$ 的直径时,R 取得最小值 $\sqrt{\dfrac{S}{2}}$.

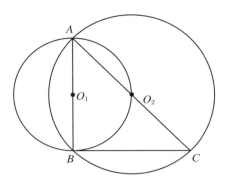

30. 圆内接四边形

已知:圆内接四边形 $ABCD$ 中,$BC = CD$.

求证:$AC^2 = AB \times AD + BC^2$.

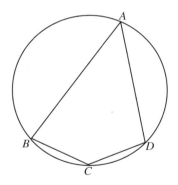

证明　因为四边形 $ABCD$ 是圆内接四边形,所以

$$\angle ABC + \angle ADC = 180°.$$

$\angle ABC$ 与 $\angle ADC$ 中一个 $\geqslant 90°$,另一个 $\leqslant 90°$.不妨设 $\angle ABC \leqslant 90°$,$\angle ADC \geqslant 90°$.

过 C 作 AB,AD 的垂线,垂足分别为 E,F.因为 $\angle ABC \leqslant 90°$,$\angle ADC \geqslant 90°$,所以 E 在线段 AB 内,而 F 不在线段 AD 内部.

连 AC.因为 $BC = CD$,所以

$$\angle BAC = \angle CAD,$$

AC 是 $\angle BAD$ 的平分线,$CE = CF$,$AE = AF$.又

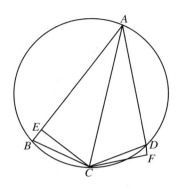

$$\angle ABC = 180° - \angle ADC = \angle CDF,$$

所以

$$\mathrm{Rt}\triangle CEB \cong \mathrm{Rt}\triangle CFD, \quad EB = FD.$$

由勾股定理,有

$$AC^2 - BC^2 = AE^2 - BE^2$$
$$= (AE + EB)(AE - EB)$$
$$= AB \times (AF - DF)$$
$$= AB \times AD.$$

评注　平方差公式应用极为广泛.

31. 对称

已知:在 $\triangle ABC$ 中,$AB = AC$. CP 是 $\angle ACB$ 的角平分线. M 是内切圆与 BC 边的切点,$MD /\!\!/ AC$ 交内切圆于 D. 求证: PD 与内切圆相切.

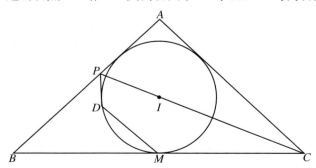

证明

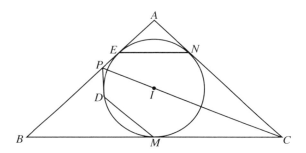

设内切圆切 AC 于 N、切 AB 于 E.

因为 $AE = AN$，$AB = AC$，所以 $EN /\!/ BC$.

CP 是 $\angle ACB$ 的角平分线，因而射线 CA 与 CB 关于 CP 对称. 因为 $CN = CM$，所以 N 与 M 关于 CP 对称. 因为 $NE /\!/ CB$，$MD /\!/ CA$，所以直线 NE 与 MD 对称. 内切圆关于 CP 对称，所以 E，D（分别为 NE，MD 与内切圆的交点）关于 CP 对称. PD，PE 关于 CP 对称.

PE 是内切圆的切线，所以 PD 也是内切圆的切线.

评注 看到"对称"，不仅看到几何图形的美，也看到了本题的解法.

32. 公共弦

$\odot O_1$ 与 $\odot O_2$ 相交于 A，B. AC 与 $\odot O_2$ 相切，交 $\odot O_1$ 于 C. 直线 CB 交 $\odot O_2$ 于 D，直线 DA 交 $\odot O_1$ 于 E.

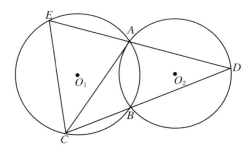

求证:（ⅰ）$\triangle ACE$ 是等腰三角形.

（ⅱ）$DA \cdot DE = CD^2 - CE^2$.

证明

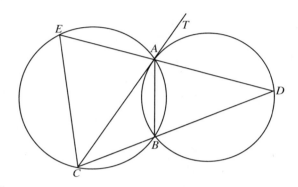

（ⅰ）连接 AB. 又设点 T 在 CA 的延长线上.

$$\angle CAE = \angle TAD = \angle ABD,$$

$$\angle CEA = \angle ABD.$$

所以 $\angle CAE = \angle CEA$. $\triangle CAE$ 是等腰三角形.

（ⅱ）$CD^2 - CE^2 = CD^2 - CA^2$

$$= CD^2 - CB \times CD$$

$$= CD \times BD$$

$$= DA \times DE.$$

评注　对于相交的圆,公共弦往往是应当连出的辅助线.（ⅰ）中得出 $CA = CE$,为（ⅱ）作了铺垫.

33. 圆的切线

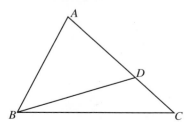

已知：D 在 $\triangle ABC$ 的边 AC 上, $AD : DC = 2 : 1$. $\angle C = 45°$, $\angle ADB = 60°$.

求证：AB 是 $\triangle BCD$ 的外接圆的切线.

证明 作 $AE \perp BD$,垂足为 E.

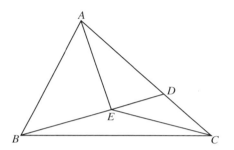

因为 $\angle ADE = 60°$,所以

$$DE = \frac{1}{2}AD = DC,$$

$$\angle DEC = \angle DCE = \frac{1}{2}\angle ADB = 30° = \angle EAD.$$

$$\angle ECB = \angle ACB - \angle DCE = 45° - 30° = 15°,$$

$$\angle EBC = \angle DEC - \angle ECB = 15° = \angle ECB,$$

$$EB = EC = EA,$$

$$\angle ABE = 45° = \angle ACB.$$

因此 AB 是 $\odot BCD$ 的切线.

34. 切线与割线

如图,PA 为 $\odot O$ 的切线,PBC 为割线,$AD \perp OP$,垂足为 D.

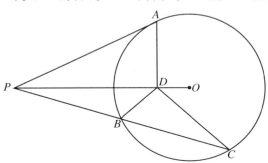

求证:$AD^2 = BD \times CD$.

证明　连 OA,OB,OC.

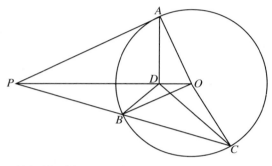

因为 PA 是切线,所以 $OA \perp PA$.

在 Rt$\triangle OAP$ 中,有

$$AD^2 = PD \times DO, \tag{1}$$

$$PD \times PO = PA^2 = PB \times PC. \tag{2}$$

由(2),D,O,C,B 四点共圆.

$$\angle DBP = \angle DOC,$$

$$\angle PDB = \angle OCB = \angle OBC = \angle CDO. \tag{3}$$

所以

$$\triangle PDB \backsim \triangle CDO, \tag{4}$$

$$\frac{DB}{PD} = \frac{DO}{CD}. \tag{5}$$

由(1)、(5),得

$$AD^2 = PD \times DO = BD \times CD.$$

评注　获得(1)后,要求证的结论变为 $PD \times DO = BD \times CD$,也就是(5),从而应当证明(4).而(2)导出四点共圆及相关的角相等.D,O,C,B 四点共圆是常用性质.

35. 角的相等

如图,PA 为 $\odot O$ 的切线,PBC 为割线.$AD \perp OP$,垂足为 D.$\triangle ADC$ 的外接圆又交 BC 于 E.求证:$\angle BAE = \angle ACB$.

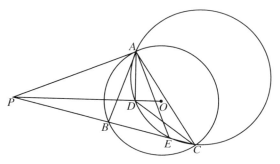

证明 连 OC，OA.

$$\angle DAE = \angle DCE.$$

由上题，D，O，C，B 共圆，

$$\angle DCE = \angle DOB.$$

所以

$$\angle BAE = \angle BAD + \angle DAE$$
$$= \angle BAD + \angle DOB$$
$$= \angle ADO - \angle ABO$$
$$= 90° - \angle ABO$$
$$= \frac{1}{2}\angle AOB$$
$$= \angle ACB$$

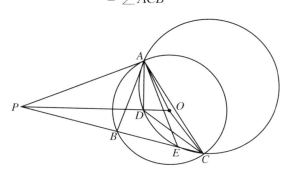

评注 由 $OD \times OP = OA^2 = OC^2$ 亦可导出：

$$\triangle OCD \backsim \triangle OPC$$

及(1).不需要利用上题结论.

36. 三等分点

四边形 $ABCD$ 中,$\angle BAD = 60°$,$\angle ABC = 90°$,$\angle BCD = 120°$. 对角线相交于 S,$BD = 3BS$. 点 P 为 AC 的中点. 求证:(ⅰ)$\angle PBD = 30°$.(ⅱ)$AD = DC$.

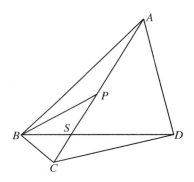

(ⅰ)容易.(ⅱ)稍难.关键在三等分点 S 有何作用.

证明　(ⅰ)因为 $\angle BAD + \angle BCD = 180°$,所以 A,B,C,D 四点共圆.

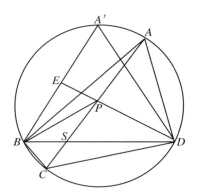

因为 $\angle ABC = 90°$,所以 AC 就是圆的直径,AC 中点 P 为圆心.

$$\angle PBD = \angle PDB = \frac{1}{2}(180° - \angle BPD)$$

$$= \frac{1}{2}(180° - 2\angle BAD) = 30°.$$

（ii）设在 $\odot P$ 中，A' 为 $\overset{\frown}{BD}$ 的中点，则 $\angle BA'D = \angle BAD = 60°$，$A'B = A'D$，$\triangle A'BD$ 是等边三角形.

在 $\triangle A'BD$ 中，S 是 BD 的三等分点，外心（重心）P 是中线 DE 的三等分点，所以 $PS /\!/ A'B$. PD 是边 $A'B$ 上的高，所以 $PS \perp PD$.

D 是 $\overset{\frown}{AC}$（半圆）的中点，所以 $AD = DC$.

37. 何来 4 倍

$\triangle ABC$ 是直角三角形，D 在斜边 BC 上，$BD = 4DC$. 一圆过 C 点且与 AB 相切于 AB 的中点 G，交 AC 于 E. 求证：$AD \perp BE$.

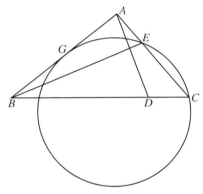

题目中 $BD = 4DC$ 的 4 从何而来？

证明　过 D 作 $DF \perp AC$，垂足为 F.

要证 $AD \perp BE$，只需证 $\angle ABE = \angle FAD$. 因而只需证 $\triangle ABE \backsim \triangle FAD$.

这两个三角形都是直角三角形，所以只需证：

$$\frac{AB}{AE} = \frac{AF}{DF}. \tag{1}$$

(1)的证明当然要利用已知条件，特别是

$$BD = 4DC. \tag{2}$$

更一般地，设

$$BD = \lambda DC, \tag{3}$$

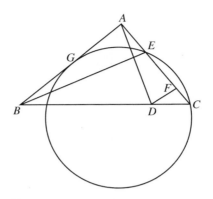

则因为 $DF /\!/ AB$，所以

$$DF = \frac{CD}{CB} \cdot AB = \frac{1}{1+\lambda} AB, \tag{4}$$

$$AF = \frac{BD}{CB} \cdot AC = \frac{\lambda}{1+\lambda} AC. \tag{5}$$

而由 G 为 AB 中点，AG 为切线，得

$$AB^2 = 4AG^2 = 4AE \cdot AC. \tag{6}$$

由(4)、(5)、(6)，得

$$\frac{AB}{AE} = \frac{4AC}{AB} = \frac{4(1+\lambda)AF}{\lambda(1+\lambda)DF} = \frac{4}{\lambda} \cdot \frac{AF}{DF}. \tag{7}$$

当且仅当 $\lambda = 4$ 时，(1)成立.即当且仅当 $BD = 4DC$ 时，$AD \perp BE$.

38．与外公切线平行

对圆内接四边形 $ABCD$，$\triangle ACD$ 的内切圆为 $\odot O_1$，$\triangle BCD$ 的内切圆为 $\odot O_2$.求证：AB 与 $\odot O_1$、$\odot O_2$ 的一条外公切线平行.

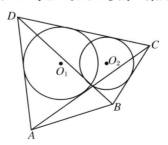

证明

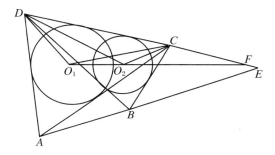

$$\angle DO_1C = 180° - \angle O_1DC - \angle DCO_1$$

$$= 180° - \frac{1}{2}(\angle ADC + \angle ACD)$$

$$= 180° - \frac{1}{2}(180° - \angle DAC)$$

$$= 90° + \frac{1}{2}\angle DAC.$$

同样,有

$$\angle DO_2C = 90° + \frac{1}{2}\angle DBC = 90° + \frac{1}{2}\angle DAC = \angle DO_1C,$$

所以 D,O_1,O_2,C 四点共圆。

设 DC 交 O_1O_2 于 F,交 AB 于 E,则

$$\angle DFO_1 = \angle DCO_2 - \angle CO_2F$$

$$= \angle DCO_2 - \angle CDO_1$$

$$= \frac{1}{2}(\angle DCB - \angle CDA).$$

$$\angle DEA = \angle DCB - \angle CBE = \angle DCB - \angle CDA$$

$$= 2\angle DFO_1.$$

因为两条外公切线关于 O_1O_2 对称,所以另一条外公切线与 O_1O_2 的夹角也是 $\angle DFO_1$。从而它与 CD 的夹角是 $2\angle DFO_1$,即它与 AB 平行。

39．更一般些

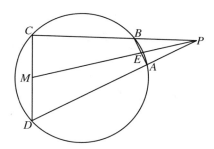

圆内接四边形 $ABCD$ 的对边 DA,CB 延长后交于 $P.M$ 为 CD 的中点. PM 交 AB 于 E.求证：

$$\frac{AE}{BE} = \frac{PA^2}{PB^2}. \tag{1}$$

如果 M 不是中点呢?

证明　设 $\angle PMC = \alpha, \angle PEB = \beta, \angle CPM = \gamma, \angle MPD = \delta$. 在 $\triangle PCM$ 中,由正弦定理:

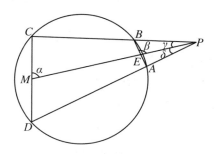

$$\frac{PC}{\sin \alpha} = \frac{CM}{\sin \gamma}. \tag{2}$$

同样,有

$$\frac{PD}{\sin \alpha} = \frac{MD}{\sin \delta}, \tag{3}$$

$$\frac{PB}{\sin \beta} = \frac{BE}{\sin \gamma}, \tag{4}$$

$$\frac{PA}{\sin\beta} = \frac{AE}{\sin\delta}. \tag{5}$$

所以

$$PC \times MD \times BE \times PA = CM \times PD \times PB \times AE, \tag{6}$$

$$\frac{AE}{BE} \times \frac{CM}{MD} = \frac{PC \times PA}{PD \times PB} = \frac{PA^2}{PB^2}. \tag{7}$$

在 M 为 CD 中点时,(7)即(1).

(7)是比(1)更一般的结论.

40. 姜霁恒的问题

东北育才学校姜霁恒在《学数学》上提出一道探究问题:

若 D,E,F 分别在△ABC 的边 BC,CA,AB 上,且

$$2EF = BC, \quad 2FD = AB, \quad 2DE = CA. \tag{1}$$

是否一定有 $EF /\!/ BC$?

如果 D,E,F 为三边中点,当然有(1)成立,而且 $EF /\!/ BC$.但现在并不知道它们是不是中点.

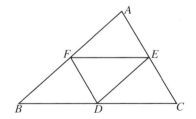 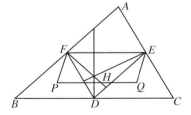

解　由对应边成比例得△DEF∽△ABC,所以对应角分别相等.

设 H 为△DEF 的垂心,则

$$\angle FHD = 180° - \angle FED = 180° - \angle B,$$

所以 F,B,D,H 四点共圆.

同理,E,H,D,C 共圆.

设上述两圆圆心分别为 P,Q,则 $PQ \perp DH$(DH 是两圆的公共

弦). 从而 $PQ /\!/ EF$.

因为 $\angle PFE = \angle PFD + \angle DFE = 90° - \angle B + \angle C$, 则

$$\angle FEQ = 90° - \angle C + \angle B.$$

所以

$$\angle PFE + \angle FEQ = 180°,$$

$$PF /\!/ QE.$$

四边形 $PFEQ$ 是平行四边形, $PQ = EF$.

过 $\odot P, \odot Q$ 的公共点 D 作直线分别再交这两圆于 M, N. 设 P, Q 在 MN 上的射影分别为 I, J, 则 I, J 分别为 MD, DN 的中点. 因为 IJ 是 PQ 的射影, 所以

$$PQ \geqslant IJ = \frac{1}{2} MN.$$

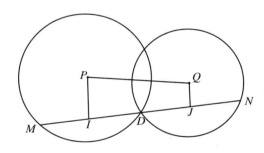

从而 MN 的最大值是 $2PQ$, 当且仅当 $MN /\!/ PQ$ 时, 取得最大值.

直线 BC 过 D, 并且与 $\odot P, \odot Q$ 分别又交于 B, C.

因为已知 $BC = 2EF = 2PQ$, 取得上述最大值, 所以 $BC /\!/ EF$.

又解 利用三角. 因为 $\triangle ABC \backsim \triangle DEF$, 相似比为 2, 所以可设 $\triangle DEF$ 的外接圆直径为 1, $\triangle ABC$ 的外接圆直径为 2.

由于对应角 $\angle FDE = \angle A$, 所以 $\triangle AEF$ 与 $\triangle DEF$ 的外接圆相等, 直径也是 1. 同样 $\triangle DBF, \triangle DCE$ 的外接圆直径都是 1.

记 $\angle AFE = \beta, \angle AEF = \gamma, \angle BDF = \gamma_1, \angle CDE = \beta_1$, 则

$$\beta + \gamma = \pi - \angle A = \angle B + \angle C = \beta_1 + \gamma_1, \tag{2}$$

$$\gamma + \angle B = \beta_1 + \angle C, \quad \beta + \angle C = \gamma_1 + \angle B. \tag{3}$$

由正弦定理及 $AE + EC = AC$, 得

$$\sin \beta + \sin \beta_1 = 2\sin B. \tag{4}$$

同理, 有

$$\sin \gamma + \sin \gamma_1 = 2\sin C. \tag{5}$$

(4)+(5)并和差化积, 得

$$2\sin \frac{\beta + \gamma}{2}\cos \frac{\beta - \gamma}{2} + 2\sin \frac{\beta_1 + \gamma_1}{2}\cos \frac{\beta_1 - r_1}{2}$$

$$= 4\sin \frac{B + C}{2}\cos \frac{B - C}{2}.$$

由(2), 上式即

$$\cos \frac{\beta - r}{2} + \cos \frac{\beta_1 - \gamma_1}{2} = 2\cos \frac{B - C}{2}.$$

再和差化积, 得

$$2\cos \frac{\beta - \gamma + \beta_1 - \gamma_1}{4}\cos \frac{\beta - \gamma - \beta_1 + \gamma_1}{4} = 2\cos \frac{B - C}{2}. \tag{6}$$

由(3), 得

$$\beta - \gamma_1 = \angle B - \angle C = \beta_1 - \gamma, \tag{7}$$

所以(6)即

$$\cos \frac{\beta - \gamma - \beta_1 + \gamma_1}{4} = 1,$$

从而

$$\beta + \gamma_1 = \beta_1 + \gamma. \tag{8}$$

由(7)、(8)、(2), 得

$$\beta = \beta_1 = \angle B, \quad \gamma = \gamma_1 = \angle C.$$

于是结论成立.

评注　三角解法中, 几何意义不易看出, 所以我们更提倡几何解法.

41. 共圆的点

已知: AD 是 $\triangle ABC$ 的外接圆 $\odot O$ 的直径. 过 D 的切线交 CB 的延长线于 P. 直线 PO 分别交 AB, AC 于 M, N. 求证: $OM = ON$.

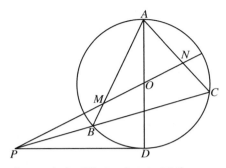

证明　设 E 为 BC 中点,则 $OE \perp BC$. 因为

$$\angle OEP = 90° = \angle ODP,$$

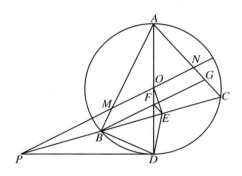

所以 O, E, D, P 四点共圆.

过 B 作直线平行于 MN,交 OD 于 F,交 AC 于 G. 连 ED, BD.

$$\angle EBF = \angle EPO = \angle EDF,$$

所以 B, F, E, D 四点共圆.

$$\angle EFD = \angle EBD = \angle DAC,$$

所以 $EF /\!/ AC$.

E 是 BC 中点,所以 F 是 BG 中点.

因为 $BG /\!/ MN$,所以 O 是 MN 中点.

评注　本题的关键在两个四点共圆. 先是 O, E, D, P 共圆. 而后由 $BF /\!/ OP$,又得 F, E, D, B 四点共圆.

这题并不容易,我第一次遇到这题,做不出,请教了周春荔教授.

他立刻给出了上述解法.

本题有很多推广,参见拙著《平面几何中的小花》.

42. 三个圆

如图,平行四边形 $ABCD$ 中,E 为 AD 上任一点,过 E 作 EF 交 AB 的延长线于 F.连 CE,CF.设 $\triangle CDE$ 的外心为 O_1,$\triangle EAF$ 的外心为 O_2,$\triangle CBF$ 的外接圆的半径为 R.求证:$O_1O_2 = R$.

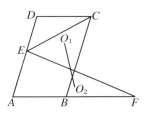

证明　图中 $\odot O_1$,$\odot O_2$,$\triangle CBF$ 的外接圆及半径 R 都未画出.

解几何题的第一步就是将一些隐藏的图形显现出来,以便进行形象思维.

应当先定出 $\triangle CBF$ 的外接圆的圆心 O.

OB,OC,OF 都是 R.画一条就够了.

应当画哪一条?

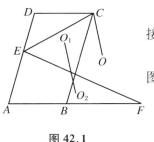

图 42.1

应当画 OC.因为看上去 $OC /\!/ O_1O_2$.而 OB,OF 与 O_1O_2 没有这种关系.

$OC /\!/ O_1O_2$ 是一个猜测.正是图形启发我们作这样的猜测,有了猜测就有的放矢了.

怎么证呢?

$\odot O_1$,$\odot O_2$ 是相交的圆,E 是它们的一个公共点.两个相交圆的公共弦在解题中极为有用(有很多性质可以利用.例如公共弦与连心线 O_1O_2 垂直).因此凡遇到相交圆均需找出它们的公共弦.现在应当找出第二个公共点.

再画一个草图(图 42.2).$\odot O_1$ 与 $\odot O_2$ 的第二个交点似乎(差不多)在 CF 上.

形象是这样,想来也应当如此(这是一种正常的感觉).交点 G 不

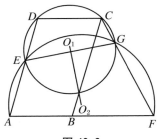

图 42.2

会与图上已有的内容毫无关系.如果 G 不在 CF 上,而是"悬在半空",解题将难以措手,也与图形的和谐优美相悖.

所以我们大胆判定 G 在 CF 上.当然这一点有待证明.但证明并不难(所谓"只怕想不到,不怕证不出").

设 ⊙O_1 与 CF 除 C 外还有一个交点 G,则

$$\angle EGC = 180° - \angle D = \angle A,$$

所以 G 也在 ⊙O_2 上,即 ⊙O_1,⊙O_2 的第二个交点在 CF 上.

进一步,可以证明前面的猜测 $O_2O_1 /\!/ OC$.

由于 $O_1O_2 \perp EG$,所以只需证 $OC \perp EG$.这也是不难的.图 42.3 中,有

$$\angle EGC = \angle A = \angle CBF.$$

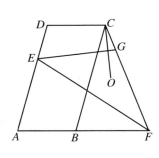

图 42.3

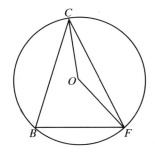

图 42.4

图 42.4 中,有

$$\angle CBF = \frac{1}{2}\angle COF = \frac{1}{2}(180° - 2\angle OCF) = 90° - \angle OCF,$$

所以 $OC \perp EG$.

既然 $O_1O_2 \parallel OC$, O_1O_2 又应当等于 OC, 所以四边形 O_1O_2OC 应当是平行四边形. 反过来, 如果 $O_1C \parallel OO_2$, 那么四边形 O_1O_2OC 应当是平行四边形, $O_1O_2 = OC$. 所以只要证明 $O_1C \parallel OO_2$.

怎么证明 $O_1C \parallel OO_2$ 呢?

起初想了一些办法, 后来发现这可以与 $OC \parallel O_1O_2$ 用相同方法证明. $\odot O_2, \odot O$ 的第二个交点 H 在 CE 上, $FH \perp O_1C$.

于是 $O_1O_2 = R$.

评注　很多线画在同一个图上, 形象就不清楚、不鲜明了, 所以图应有分有合. 例如, 上面我们单独画一个图 42.4, 以突出 $\angle CBF$ 与 $\angle OCF$ 的关系.

解几何题时, 应多画几个草图. 这种草图并不一定准确. 但这种"形象"已经有助于我们思考了. 平面几何正是这样一门科学, 它利用未必准确的图形推出准确的结果.

这未必准确的图形不是完全错误的图形. 它像漫画、速写或者中国的写意图. 虽然不是照片, 却也能反映事物的本质, "得其精髓". 培养学生画这种草图的能力也是很重要的.

三 非常规的几何问题

43. 整数知识

已知：直角三角形的边长均为整数，周长为 30. 求外接圆半径与面积.

本题需要一些整数知识.

解 设边长为 a, b, $c = \sqrt{a^2 + b^2}$. 由已知，有

$$a + b + \sqrt{a^2 + b^2} = 30. \tag{1}$$

于是

$$\sqrt{a^2 + b^2} = 30 - a - b.$$

两边平方，得

$$a^2 + b^2 = 30^2 + a^2 + b^2 - 60(a + b) + 2ab,$$

即

$$ab - 30(a + b) + 30 \times 15 = 0. \tag{2}$$

由 (2)，$30 \mid ab$, a, b 中至少一个被 5 整除.

不妨设 $5 \mid a$. 显然 a, b 均小于 c, 小于 15. 所以 $a = 10$ 或 5.

但 $a = 10$ 代入 (2)，b 不是整数.

所以 $a = 5$, 代入 (2) 得 $b = 12$.

$$c = \sqrt{a^2 + b^2} = 13.$$

即外接圆半径为 $\dfrac{15}{2}$.

外接圆面积为 $\pi \times \left(\dfrac{15}{2} \right)^2 = \dfrac{225\pi}{4}$.

44. 条件够吗？

已知：直角三角形 ABC 的内切圆与斜边 AB 相切于 D, $AD = m$,

$DB = n$. 求三角形面积.

条件是不是少了一点?

解　设三边长为 a, b, c, 则
$$m = s - a, \quad n = s - b,$$

其中 $s = \dfrac{1}{2}(a + b + c)$.

$$
\begin{aligned}
mn &= (s - a)(s - b) \\
&= \frac{1}{4}(c + b - a)(c + a - b) \\
&= \frac{1}{4}\left[c^2 - (a - b)^2\right] \\
&= \frac{1}{2}ab.
\end{aligned}
$$

即三角形的面积就是 mn.

45. 滚动的圆(一)

　　两个同样大小的圆(例如两枚 1 元的硬币)互相外切,一个圆在另一个的外面滚动(没有滑动,以下均作这样约定).如果动圆正好绕定圆一周,那么动圆自身转过几周?

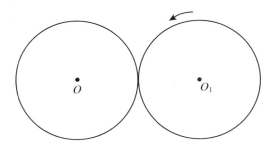

　　解　当 $\odot O_1$ 绕定圆 $\odot O$ 一周时,由于定圆的周长是 $2\pi R$,动圆的周长也是 $2\pi R$,似乎动圆自身也转过一周.

　　其实不然,如果用 2 枚同样的硬币做实验,就会发现动圆实际上转过了 2 周.

　　图 45.1 表明在切点变为 B 时,$O_1 A$ 已经转过 $180°$,这时 $\odot O$ 上

的 $\overset{\frown}{AB}$ 只是 $\frac{1}{4}$ 圆周. 所以在 $\odot O_1$ 绕 $\odot O$ 一周时, O_1A 转过 2 周, 也就是 $\odot O_1$ 转过 2 周.

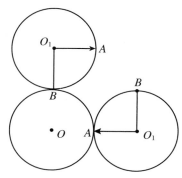

图 45.1

一般地, 设定圆 $\odot O$ 的半径 R 是动圆 $\odot O_1$ 的半径 r 的 n 倍, 则如图 45.2, 在 $\odot O$ 的 $\overset{\frown}{AB}$ 为 φ 个弧度时, $\odot O_1'$ 的 $\overset{\frown}{A'B}$ 应为 $n\varphi$ 个弧度, 即 $\angle BO_1'A' = n\varphi$. 如果过 O_1' 作 $O_1'A''$ 与 O_1A 平行, 立即看出 O_1A 转过的角是

$$\angle A'O_1'A'' = \varphi + n\varphi = (n+1)\varphi.$$

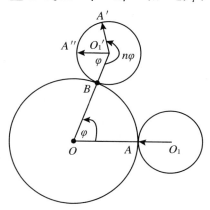

图 45.2

所以在动圆绕定圆一周时, 动圆转过 $n+1$ 周.

动圆上的任一点 A 的轨迹称为圆外旋轮线或外摆线（在 $R = r$ 时，称为心脏线）.

46. 滚动的圆(二)

一个小圆在大圆里滚动，如果大圆半径是小圆的两倍. 当小圆沿大圆滚动一周时，小圆转过几周?

小圆上任一点 A 在这滚动中，它的轨迹是什么形状?

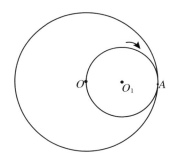

解

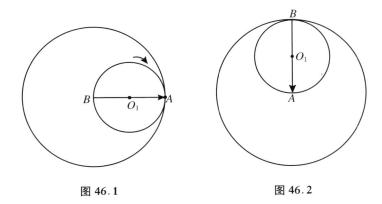

图 46.1   图 46.2

做个实验可以发现小圆恰好转过 1 圈(不是 2 圈).

当 $\odot O_1$ 滚过 $\odot O$ 的 $\dfrac{1}{4}$ 时，原来与 O 点重合的 B(图 46.1)变为切点(图 46.2)，而原来的切点 A(图 46.1)变为与 O 点重合(图 46.2).

O_1A 刚好转过 $\frac{1}{4}$ 个圆（$\frac{\pi}{2}$ 个弧度）. 所以小圆沿大圆滚动 1 周时, 小圆也恰好转过 1 周.

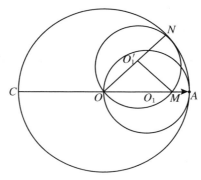

图 46.3

当 $\odot O_1$ 转到 $\odot O_1'$ 时（图 46.3）, 设 $\odot O_1'$ 与 OA 相交于 M, 与 $\odot O$ 相切于 N, 则由圆心角与圆周角关系, 有

$$\angle NO_1'M = 2\angle NOM,$$

但 $\odot O$ 半径是 $\odot O_1'$ 的 2 倍, 所以

$$\overset{\frown}{AN} \text{ 的长度} = \overset{\frown}{MN} \text{ 的长度}.$$

即在 $\odot O_1$ 滚到 $\odot O_1'$ 时, A 就是 M. 从而 A 始终在 $\odot O$ 的直径 AC 上, 并且随着 $\odot O_1$ 的滚动, A 由 A 向 C 移动, 再由 C 返回到 A. 所以 A 的轨迹是直径 AC（由 A 到 C 再由 C 到 A 往返一次）.

如果 $\odot O$ 的半径 R 是 $\odot O_1$ 的 n 倍, 那么在 $\odot O_1$ 沿 $\odot O$ 滚动 1 周时, $\odot O_1$ 自身转过 $n-1$ 周. 在 $n>1$ 时, $\odot O$ 上一点 A 的轨迹是一条曲线, 称为内摆线或圆内旋轮线.

47. 滚动的圆（三）

n 枚同样大小的硬币, 两两相切, 围成一个圈, 圆心成凸 n 边形（图 47.1）. 又有一个同样大小的硬币在外面沿着这个图形的轮廓滚动. 滚动一圈, 这个硬币旋转了多少周？

解 凸 n 边形的内角和是 $(n-2)\pi$, 所以这 n 个硬币在多边形外

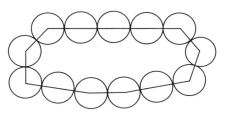

图 47.1

面的弧长是

$$n \times 2\pi - (n-2)\pi = 2\pi$$

个弧度.

图 47.1 的外廓,动圆都能滚到吗?

当然不是.

在图 47.2 中,对于两个相邻的圆 $\odot O_1$,$\odot O_2$,动圆 $\odot O$ 与它们相切于 A_1,A_2.又设 $\odot O_1$ 与 $\odot O_2$ 相切于 B,则 $\overparen{A_1 B}$ 与 $\overparen{BA_2}$ 是 $\odot O$ 接触不到的.

也就是说,每个定圆有 $\frac{1}{3}$ 的部分是动圆接触不到的(图 47.2,$\odot O_2$ 的 $\overparen{BA_2}$,$\overparen{DC}$ 均是动圆接触不到的,各占圆周的 $\frac{1}{6}$).

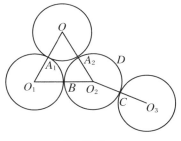

图 47.2

所以实际上动圆绕一圈,走过的弧长是

$$(n+2) \times \pi - \frac{1}{3}n \times 2\pi = \left(\frac{1}{3}n + 2\right) \times \pi.$$

因此,动圆旋转 $\frac{1}{3}n+2$ 周.

评注 最后一步用到第 45 题关于两个相同硬币的结论,即动圆转过的角是它走过的定圆的弧的弧度数的两倍.

如果这个动圆在凸多边形内沿图形的轮廓滚一周呢? 走过的弧长是

$$(n-2)\pi - \frac{1}{3}n\times 2\pi = \left(\frac{1}{3}n - 2\right)\pi,$$

动圆旋转了 $\frac{1}{3}n - 2$ 周.

48. 面积与周长（二）

两个三角形，面积、周长都相等.这两个三角形是否一定全等？你能证明或举出反例吗？

解 两个三角形不一定全等.

对于给定的整数 $\triangle$ 与 s，设它们满足

$$3\sqrt{3}\triangle < s^2. \tag{1}$$

取 a 满足

$$\frac{2\sqrt{3}\triangle}{s} \leqslant a \leqslant \frac{2s}{3}. \tag{2}$$

作线段 $BC = a$.再作直线 $l \parallel BC$，l 与 BC 的距离 $h = \frac{2\triangle}{a}$，则对 l 上任一点 A，它与 B，C 所成三角形面积为 $\triangle$.

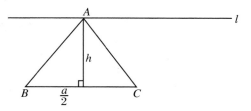

在 $AB = AC$ 时，有

$$AB = \sqrt{h^2 + \left(\frac{a}{2}\right)^2}. \tag{3}$$

因为(2)，则

$$h = \frac{2\triangle}{a} \leqslant \frac{s}{\sqrt{3}}, \tag{4}$$

所以

$$h^2 \leqslant \frac{s^2}{3} \leqslant s(s-a). \tag{5}$$

从而

$$AB \leqslant \sqrt{s(s-a) + \left(\frac{a}{2}\right)^2} = s - \frac{a}{2}. \tag{6}$$

　　这时 $\triangle ABC$ 的周长 $= 2AB + BC \leqslant 2s$. 当 A 在 l 上向远处移动时，$AB + AC$ 连续地变动，由 $\leqslant 2s$ 增至无穷，所以必有一点 A，使得 $\triangle ABC$ 的周长恰好等于 $2s$.

　　因为满足(2)的 a 有无穷多个，从而我们得到无穷多个三角形，它的面积为 $\triangle$，周长为 $2s$，但边长 a 却互不相同.

49. 面积与周长(三)

　　两个等腰三角形，面积、周长都相等. 这两个三角形是否一定全等？

　　解　不一定，例如一个腰为 8，底为 12；另一个腰为 11，底为 6. 它们的周长都是 28，面积

$$\frac{1}{2} \times 12 \times \sqrt{8^2 - \left(\frac{12}{2}\right)^2} = 12\sqrt{7},$$

$$\frac{1}{2} \times 6 \times \sqrt{11^2 - \left(\frac{6}{2}\right)^2} = 12\sqrt{7}.$$

也相等. 但它们显然不是全等三角形.

　　这样的例子是怎么得来的呢？

　　设腰长为 a，底为 $2b$，半周长为 s，面积为 $\triangle$，则

$$\begin{cases} a + b = s & (1) \\ b\sqrt{a^2 - b^2} = \triangle & (2) \end{cases}$$

由(1)得 $a = s - b$，代入(2)消去 a，得

$$b\sqrt{s(s - 2b)} = \triangle.$$

平方整理，得

$$2sb^3 - s^2 b^2 + \triangle^2 = 0. \tag{3}$$

(3)是 b 的三次方程，设它的根为 b_1, b_2, b_3，则

$$2sb^3 - s^2 b^2 + \Delta^2 = 2s(b - b_1)(b - b_2)(b - b_3).$$

所以

$$b_1 + b_2 + b_3 = \frac{s}{2}, \tag{4}$$

$$b_1 b_2 + b_2 b_3 + b_3 b_1 = 0, \tag{5}$$

$$b_1 b_2 b_3 = -\frac{\Delta^2}{2s}. \tag{6}$$

我们的目的是说明(1)、(2)组成的方程组,可以有两组不同的正数解(a,b).但我们并不是对固定的s,Δ去解方程组,而是选择两个不同的正数b_1,b_2,然后再定出s,Δ.

例如取$b_1 = 1, b_2 = 2$.由(5)得

$$b_3 = -\frac{b_1 b_2}{b_1 + b_2} = -\frac{2}{3}.$$

为避免分数计算,可将它们扩大3倍,即改令$b_1 = 3, b_2 = 6$,得

$$b_3 = -2.$$

由(5),得

$$s = 2(b_1 + b_2 + b_3) = 14.$$

由(6),得

$$\Delta = 12\sqrt{7}.$$

b_1, b_2, b_3均适合(3).再由(1),得

$$a_1 = 14 - 11 = 3, \quad a_2 = 14 - 6 = 8.$$

(a_1, b_1),(a_2, b_2)均适合(1)、(2).它们就是上面给出的例子.

50. 小圆盖大圆

三张圆形的纸片,圆心分别为O, O_1, O_2(以下简称圆形纸片为$\odot O, \odot O_1, \odot O_2$),半径分别为$R, r_1, r_2$.

如果$R > r_1, R > r_2$,那么用$\odot O_1, \odot O_2$能够将$\odot O$完全盖住吗?

在r_1, r_2比R小得多时,$\odot O_1, \odot O_2$当然盖不住$\odot O$.但如果r_1, r_2与R很接近,只小一点点,那么这两个小圆能将$\odot O$完全盖住吗?

这是 1977 年第一届中国科学技术大学少年班的入学试题.

解　解法很多.实验一下就知道两个小圆盖不住稍大的⊙O.无论你怎么盖,⊙O 总会露出一点点,真是"春色满园关不住,一枝红杏出墙来".

当然我们得说理由,说清"为什么两个小圆不能盖住稍大的⊙O".

我们可以设 $r_1 = r_2 = r$,即两个小圆一样大.否则将最小的放大一些.如果放大后还盖不住⊙O,那么不放大当然更盖不住⊙O 了.

作这两个小圆(等圆)的两条外公切线.它们是两条平行的直线,相距 $2r$.换句话说,它们组成一条宽为 $2r$ 的带形(图 50.1)

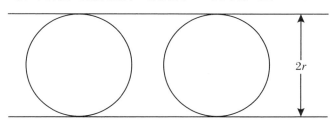

图 50.1

这个带形可以盖住两个小圆.如果两个小圆能盖住⊙O,那么这个带形更能盖住⊙O.反过来说,如果这个带形不能盖住⊙O,那么两个小圆更不能盖住⊙O.

问题转化为"宽为 $2r$ 的带形能盖住半径为 $R(R > r)$ 的⊙O 吗?"

答案是否定的.⊙O 总有一条直径不被带形盖住.这就是与带形的边垂直的直径.因为直径 $2R > 2r$,所以带形"盖了直径的上头,就漏了下头;盖了下头,又漏了上头(图 50.2)".

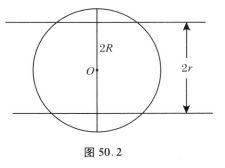

图 50.2

因此宽为 $2r$ 的带形不能盖住半径为 $R(> r)$ 的圆.两个小圆也不

能盖住大圆(即使这里的大圆只是铁丝围成的圆,而不是圆形的纸片).

51. 滚动的圆(四)

滚柱轴承(如图),外圈大圆是外轴瓦,内圈小圆是内轴瓦,中间是滚柱.内轴瓦固定,转动时没有相对滑动.若外轴瓦的直径是内轴瓦的直径的 1.5 倍,当外轴瓦转动一周时,滚柱自转了几周?

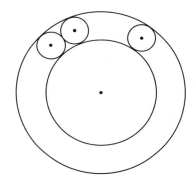

解　这是第九届华杯赛的一道试题.题目的意思不够清楚.例如滚柱如何运动,是仅能绕自己的轴旋转,还是同时也随着外轴瓦向前滚动呢?

后来主试委员会给出的解答中说明滚柱的中心绕轴瓦中心作圆周运动,也就是认为滚柱随轴瓦向前滚动.

我们可以设内轴瓦半径为 4,外轴瓦半径为 6($=4\times1.5$),则滚柱的半径为

$$\frac{1}{2}(6-4)=1.$$

这时,设滚柱(图 51.1 中 $\odot O_1$)转动 θ 个弧度,A 为 $\odot O_1$ 与内轴瓦的切点,$\overset{\frown}{AB}$ 为 θ 个弧度,则新的切点为 B',并且内轴瓦上的 $\overset{\frown}{AB'}$ 弧长与 $\overset{\frown}{AB}$ 相等,因而是 $\frac{\theta}{4}$ 个弧度.

又设 $\odot O_1$ 与外轴瓦的切点为 P,$\odot O_1$ 转动 θ 个弧度变为 $\odot O_1'$

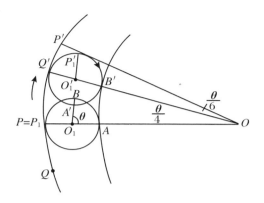

图 51.1

时,与外轴瓦的切点为 Q'.这时 $\odot O_1'$ 的弧 $\overparen{Q'P_1'}$ 是 θ 个弧度,而外轴瓦上的弧 $\overparen{Q'P'}$ 与 $\overparen{Q'P_1'}$ 的弧长相等,因而是 $\frac{\theta}{6}$ 个弧度.即对于滚柱上的人(他不知道滚柱的中心在作圆周运动),外轴瓦转过 $\frac{\theta}{6}$ 个弧度.

因此,在滚柱转过 θ 个弧度时,外轴瓦转过的弧 $\overparen{PP'}$ 的弧度数是

$$\frac{\theta}{4}+\frac{\theta}{6}=\frac{5}{12}\theta.$$

从而外轴瓦转过一周时,滚柱转过

$$2\pi\div\frac{5}{12}=\frac{12}{5}\times2\pi$$

个弧度.

我们从第 45 题已经知道,在滚柱绕内轴瓦(半径为滚柱的 4 倍)转动一周时,滚柱自转 5 周.即滚柱转过 $\frac{4}{5}\times2\pi$ 个弧度时(由于滚柱中心也在转),滚柱就自转一周.所以外轴瓦转过一周时,滚柱自转

$$\frac{12}{5}\times2\pi\div\left(\frac{4}{5}\times2\pi\right)=3(周).$$

评注　标准答案为 6 周,是不正确的.

一位学过物理的老师首先发现标准答案的错误,但他的意见当时未被主试委员会接受.后来,陈平、刘守军、叶中豪几位经过研究与电

脑模拟,一致认为正确的答案应当是 3 周.

52. 怪兽难亲

动物园有一个馆是 900 平方米的正方形,其中放入若干只外星球来的怪兽,名叫"难亲".这种怪兽彼此之间的距离不能小于 $10\sqrt{2}$ 米.否则就会引起争斗,至死方休.问这个馆内至多能放几只"难亲"?

解　至多能放 9 只.

放 9 只并不难,例如在正方形的 4 个顶点,4 边中点,中心各放 1 只,显然每两只的距离 $\geqslant \dfrac{30}{2} > 10\sqrt{2}$(米).而且放法并不唯一(例如中间一只便可略作移动).

不能放 10 只.假设放了 10 只,这时将正方形分成 9 个边长为 10 米的正方形.中间一个正方形 $ABCD$ 的顶点处,如果不放"难亲",那么这个正方形中至多只有一只"难亲",而且在一个比正方形 $ABCD$ 略大的正方形 $A'B'C'D'$(图中用虚线表示)中也至多只有一只"难亲".设正方形 $A'B'C'D'$ 的边长为 $10(1+2\varepsilon)$ 米(ε 为一个小的整数).正方形 $A'B'C'D'$ 外的部分可分为 4 个矩形,长为 $10(2+\varepsilon)$ 米,宽为 $10 \cdot (1-\varepsilon)$ 米.每个矩形又可分为两个 $10\left(1+\dfrac{\varepsilon}{2}\right) \times 10(1-\varepsilon)$ 的矩形.这样的 8 个矩形,每个的对角线长 $= 10\sqrt{\left(1+\dfrac{\varepsilon}{2}\right)^2 + (1-\varepsilon)^2} \leqslant 10\sqrt{2-\varepsilon+2\varepsilon^2} < 10\sqrt{2}$(取 $\varepsilon < 0.5$).因此至多能放 1 只"难亲".这时至多放 $8 \times 1 + 1 = 9$ 只"难亲".

因此正方形 $ABCD$ 必有一个顶点放有"难亲".不妨设 A 点有一只难亲.

这时上方的长方形 $IEHJ$ 中如果只有 3 只"难亲",那么下方的 $30 \times 20(1-\varepsilon)$ 的长方形(可分为 6 个对角线长小于 $10\sqrt{2}$ 的同样大小的长方形)至多有 6 只"难亲",总共只有 9 只"难亲".因此矩形 $IEHJ$ 中至少有 4 只"难亲".当然只能有 4 只,而且在 E,A,G,J.

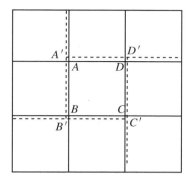

同理 K, N 也各有一只难亲.

正方形 $ODLP$ 中至多 2 只"难亲".

于是总共只有 8 只"难亲",矛盾.

所以至多放 9 只"难亲".

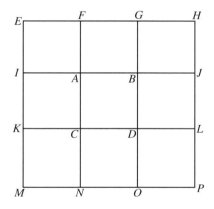

四 证明题(二)

53. 高中赛题

$\odot O$ 是 $\triangle ABC$ 的外接圆. 弦 DE 分别交 AB, AC 于 M, N, 并且

$$DM = MN = NE. \tag{1}$$

求证:

$$DB \times CE = MN \times BC. \tag{2}$$

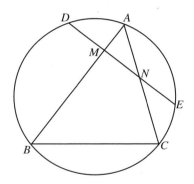

本题是 2013 年全国高中数学竞赛的加试题.

分析 $(2) \Leftrightarrow \dfrac{DB}{BC} = \dfrac{MN}{CE}$.

DB, BC 都是 $\triangle DBC$ 的边. MN, CE 却不在同一个三角形中. 但由已知 (1), $\dfrac{MN}{CE} = \dfrac{NE}{CE}$, NE, CE 组成 $\triangle NEC$. 如果 $\triangle NEC \backsim \triangle DBC$, 那么 (2) 当然成立. 但这两个三角形并不相似, 因为 $\angle CEN$ 与 $\angle CBD$ 互补, 一般情况, 它们不会相等. 如果用三角函数, 因为 $\sin(180° - \alpha)$ 与 $\sin \alpha$ 相等, 互补的角与相等的角, 可以同样处理. 纯几何的办法则是利用 $\angle CEN$ 的外角.

证明 延长 DE 到 F, 使

$$EF = NE, \tag{3}$$

则

$$\angle CEF = \angle DBC. \tag{4}$$

因为

$$AN \times NC = DN \times NE = NF \times MN,$$

所以 A, M, C, F 四点共圆, 则

$$\angle F = \angle A = \angle BDC.$$

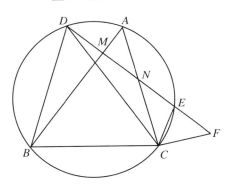

从而

$$\triangle DBC \backsim \triangle FEC,$$

$$\frac{DB}{BC} = \frac{FE}{CE} = \frac{MN}{CE}.$$

即(2)成立.

评注　我们提倡纯几何的证明, 除非其他方法更为简单.

几何证明的要点是寻找熟悉的图形及它们之间的关系, 如全等三角形、相似三角形、共圆的点等. 作辅助线的目的也就是产生有关联的图形, 如本题的 $\triangle FEC$, 它与 $\triangle DBC$ 相似.

54. 到处有相似

设平行四边形 $ABCD$ 中, E 在 BD 上. 直线 AC 与 $\triangle BCD$ 的外接圆又交于 P. 求证: $\angle BAE = \angle CAD$ 的充分必要条件是 $\angle BPE = \angle CPD$.

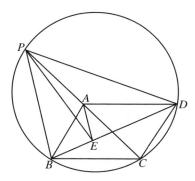

证明　相似三角形俯拾即是.

若$\angle BPE = \angle CPD$, 则因为$\angle PBE = \angle PCD$, 所以

$$\triangle PBE \backsim \triangle PCD.$$

$$\frac{BE}{AB} = \frac{BE}{CD} = \frac{PB}{PC}.$$

又

$$\angle ABE = \angle BDC = \angle CPB,$$

所以

$$\triangle ABE \backsim \triangle CPB.$$

$$\angle BAE = \angle PCB = \angle CAD.$$

反之, 若$\angle BAE = \angle CAD = \angle PCB$, 则因为$\angle ABE = \angle BDC = \angle CPB$, 所以

$$\triangle ABE \backsim \triangle CPB,$$

$$\frac{BE}{CD} = \frac{BE}{AB} = \frac{PB}{CP}.$$

又$\angle PBE = \angle PCD$, 所以

$$\triangle PBE \backsim \triangle PCD,$$

$$\angle BPE = \angle CPD.$$

图中的$\triangle DPE$也与$\triangle ABE$相似.

55. 你们共圆, 我们也共圆

设$\odot O$的内接四边形$ABCD$中, M, N分别为对角线AC, BD的

中点,O,M,N 互不相同.求证:A,O,N,C 四点共圆的充分必要条件是 B,O,M,D 四点共圆.

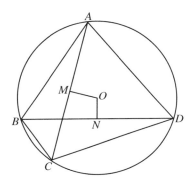

证明 连 AO,ON,CN,BM,MO,OD.

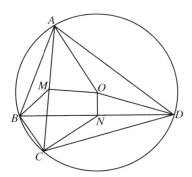

设 B,O,M,D 四点共圆,则
$$\angle BMO + \angle ODN = 180°.$$
因为 $OM \perp CM$,所以
$$\angle BMC = 90° - \angle ODN = \angle NOD = \angle BAD.$$
又 $\angle BCM = \angle BDA$,所以
$$\triangle BMC \backsim \triangle BAD. \tag{1}$$
$$\frac{CM}{DA} = \frac{BC}{BD}. \tag{2}$$
因为 $AC = 2CM$,$BD = 2NB$,所以
$$\frac{AC}{DA} = \frac{BC}{NB}. \tag{3}$$

又$\angle CAD = \angle CBN$,所以

$\qquad\triangle CAD \backsim \triangle CBN$,　　　　　　　　　　　　(4)

$\qquad\angle CNB = \angle CDA = \angle MOA = 90° - \angle MAO$,

$\qquad\angle CNO + \angle MAO = 180°$,

所以,A,O,N,C 四点共圆.

评注　本题的关键还是找相似三角形,由角的相等可得(1).而利用"中点"的已知条件,(2)即(3),从而由(1)得出另一对相似三角形(4),后一半的证明差不多就是将前一半的证法倒回去.

图中还有其他的相似三角形,如 $\triangle ABM \backsim \triangle DBC$,$\triangle ABC \backsim \triangle DNC$,也都可以利用.

56. 中点、平行

在$\triangle ABC$ 中,$\angle ACB = 90°$.角平分线 AM,BN 分别交高 CH 于 P,Q.E,F 分别为 PM,QN 的中点.求证:$EF /\!/ AB$.

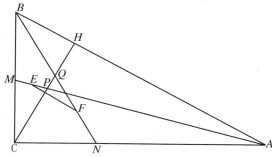

证明

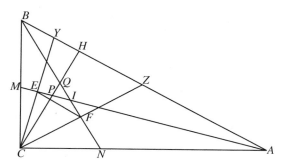

$$\angle CMA = \angle CBA + \frac{1}{2}\angle BAC = 90° - \frac{1}{2}\angle BAC,$$

$$\angle CPM = \angle APH = 90° - \frac{1}{2}\angle BAC = \angle CMA,$$

所以 $CM = CP$.

CE 是等腰三角形 CMP 的底边上的中线,因而是高.延长 CE 交 AB 于 Y.

在△ACY 中,AE 是角平分线,也是高.所以 $AC = AY$,并且 E 是 CY 的中点.

同样,延长 CF 交 AB 于 Z,则 F 为 CZ 中点.

在△CYZ 中,中位线 $EF /\!/ YZ$,即

$$EF /\!/ AB.$$

评注 发现△CMP 为等腰三角形,是本题的关键.

本题不需要计算.原先我想依靠计算得出结果,后来发现 E 是 CY 中点,完全不用计算便可证明结论.可见要多琢磨才能找到好的解法(也就是简单的解法).

两个中点,当然想到中位线.

57. 几何意义

在△ABC 中,AD 是高,D 与 C 不同.O 是外心.过 D 作 AC,AB 的垂线,垂足分别为 E,F.已知 $AB = 2OE$.求证:$AC = 2OF$.

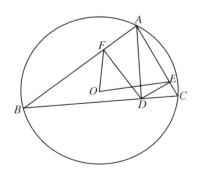

证明 设 AC,AB 中点分别为 M,N.则 $OM \perp CM$,$ON \perp AN$.由

勾股定理,有

$$OC^2 - OE^2 = CM^2 - EM^2 = (CM + EM)(CM - EM)$$
$$= (MA + EM) \times CE = EA \times CE = DE^2. \quad (1)$$

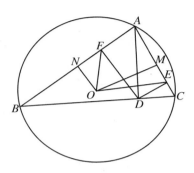

又 $OE = \dfrac{1}{2}AB = AN$,所以

$$DE^2 = OC^2 - OE^2 = OA^2 - AN^2 = ON^2,$$
$$DE = ON. \quad (2)$$

因为 $\angle DAC = 90° - \angle C = 90° - \angle AON = \angle NAO$,所以

$$\mathrm{Rt}\triangle DAE \cong \mathrm{Rt}\triangle OAN. \quad (3)$$
$$DA = OA. \quad (4)$$
$$\angle DAF = \angle OAF + \angle DAO$$
$$= \angle DAE + \angle DAO = \angle OAM,$$
$$\mathrm{Rt}\triangle DAF \cong \mathrm{Rt}\triangle OAM, \quad (5)$$
$$DF = OM. \quad (6)$$

与前面相同,(6)导出

$$OB^2 - OF^2 = DF^2 = OM^2 = OA^2 - AM^2, \quad (7)$$

所以

$$OF = AM,$$
$$2OF = AC.$$

几何问题应当尽量导出一些有几何意义的关系,如(4)(外接圆半径等于 BC 边上的高).本题如纯用三角,也可证出结论.但以上几何关系就难以发现了.

得出(4)后,剩下的证明几乎就是将前半部的证明逆推回去.只需

将 M 与 N，E 与 F 互换.

$EA \times EC$ 是点 E 关于 $\odot O$ 的幂. 一点关于 $\odot O$ 的幂就是圆半径的平方减去圆心 O 与这点距离的平方. 这可以作为一个定理来用. 证明也可以不用勾股定理, 而采用下面更简单的方法:

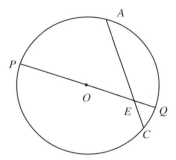

过 E 点作直径 PQ, 则
$$EA \times EC = EP \times EQ = (PO + OE)(OQ - OE) = OA^2 - OE^2.$$

58. 两圆同心

已知 $\triangle ABC$, 点 D, E, F 分别在边 BC, CA, AB 上, 并且
$$\frac{BD}{DC} = \frac{CE}{EA} = \frac{AF}{FB}. \tag{1}$$

如果 $\triangle DEF$ 与 $\triangle ABC$ 的外心相同, 求证: $\triangle ABC$ 是正三角形.

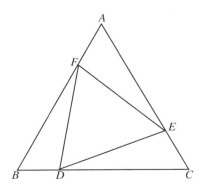

证明

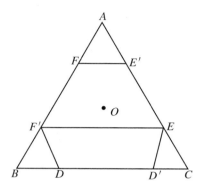

在 BC, CA, AB 上分别取 D', E', F', 使得 $CD' = BD$, $AE' = CE$, $BF' = AF$, 则

$$\frac{AE'}{E'C} = \frac{CE}{EA} = \frac{AF}{FB},\tag{2}$$

$$\frac{AE'}{EA} = \frac{CE}{EA} = \frac{AF}{FB} = \frac{AF}{F'A},\tag{3}$$

所以 $FE' \parallel F'E \parallel BC$.

设 $\triangle ABC$ 的外心为 O. 因为 D', D 关于线段 BC 的中点对称, 所以 $OD' = OD$.

O 也是 $\odot DEF$ 的圆心, 所以 D' 在 $\odot DEF$ 上. 同理, E', F' 也都在这个圆上.

在 $\odot DEF$ 中, $FE' \parallel F'E$, 所以弦

$$EE' = FF'.\tag{4}$$

因为 $FE' \parallel F'E \parallel BC$, 所以由 (4) 得

$$AF = AE', \quad F'B = EC, \quad AB = AC.$$

同理, $AB = BC$, $\triangle ABC$ 是正三角形.

又解　设公共外心为 O, BC 中点为 M, $\odot ABC$, $\odot DEF$ 的半径分别为 R, r, 则 $r = OD$. D 点关于 $\odot ABC$ 的幂

$$DC \times BD = R^2 - r^2.\tag{5}$$

同理, $CE \times EA = R^2 - r^2$. 于是

$$DC \times BD = CE \times EA.\tag{6}$$

与已知

$$\frac{BD}{DC} = \frac{CE}{EA} \tag{7}$$

相乘得 $BD = CE$,再由(7)得 $DC = EA$,从而

$$BC = CA.$$

同理 $BC = AB$,$\triangle ABC$ 是正三角形.

三解　设 $\dfrac{BD}{DC} = \lambda$,外心为 O,$\odot ABC$ 半径为 R,有

$$\overrightarrow{OD} = \frac{\lambda \cdot \overrightarrow{OB} + \overrightarrow{OC}}{1 + \lambda}. \tag{8}$$

则

$$
\begin{aligned}
|\overrightarrow{OD}|^2 &= \left| \frac{\lambda \cdot \overrightarrow{OB} + \overrightarrow{OC}}{1 + \lambda} \right|^2 \\
&= \frac{1}{(1+\lambda)^2}(\lambda^2 \cdot \overrightarrow{OB}^2 + \overrightarrow{OC}^2 + 2\lambda \overrightarrow{OB} \cdot \overrightarrow{OC}) \\
&= \frac{1}{(1+\lambda)^2}[(\lambda^2+1)R^2 + 2\lambda R^2 \cos\angle BOC]. \tag{9}
\end{aligned}
$$

关于 $|\overrightarrow{OE}|^2$,$|\overrightarrow{OF}|^2$ 必有相应等式,并且它们都等于 $\odot DEF$ 的半径 r 的平方.从而导出

$$\cos\angle BOC = \cos\angle COA = \cos\angle AOB, \tag{10}$$

从而

$$\angle BOC = \angle COA = \angle AOB = \frac{360^\circ}{3} = 120^\circ,$$

$\triangle ABC$ 为正三角形.

评注　三种解法,第一种作出对称的点 D',E',F',并利用比的相等,得出线段的平行与相等,几何意义最浓.第二种抓出两圆同心的条件,利用点关于圆的幂导出结论,颇为有趣.第三种解法利用向量,工具较先进,计算不繁,亦可推荐.

59. 倒数之和

凸四边形 $ABCD$ 的对边 BA,CD 延长后相交于 P,CB 与 DA 延长后相交于 Q.AC 平分 $\angle BAD$.求证:

$$\frac{1}{AB} + \frac{1}{AP} = \frac{1}{AD} + \frac{1}{AQ}.$$

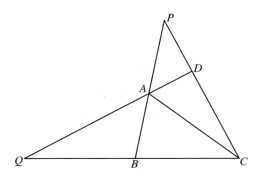

证明

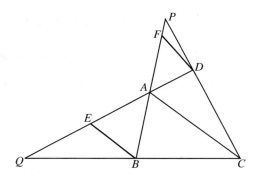

过 B 作 $BE /\!/ CA$，交 AQ 于 E，则

$$\angle BEA = \angle CAD = \angle CAB = \angle EBA,$$

所以 $AE = AB$.

$$\frac{1}{AB} - \frac{1}{AQ} = \frac{AQ - AB}{AB \times AQ} = \frac{QE}{AB \times AQ} = \frac{BE}{AB \times AC}. \tag{1}$$

同样，过 D 作 $DF /\!/ CA$，交 PA 于 F，则

$$\frac{1}{AD} - \frac{1}{AP} = \frac{DF}{AD \times AC}. \tag{2}$$

易知 $\dfrac{BE}{AB} = \dfrac{DF}{AD}$，所以由 (1)、(2)，得

$$\frac{1}{AB} - \frac{1}{AQ} = \frac{1}{AD} - \frac{1}{AP}.$$

即

$$\frac{1}{AB} + \frac{1}{AP} = \frac{1}{AD} + \frac{1}{AQ}.$$

评注 研究线段的比,作平行线是最常用的方法.

60. 逐步倒溯

圆内接四边形 $ABCD$ 的对角线交于 P, M 和 N 分别为 AC 和 BD 的中点. $\odot AMN$, $\odot CMN$ 分别又交 BD 于 E, F. 求证:

$$\frac{BP^2}{DP^2} = \frac{BE \times BF}{DE \times DF}.$$

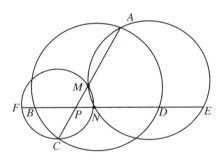

证明 由圆幂定理,有

$$PN \times PF = PM \times PC, \tag{1}$$

$$PN \times PE = PM \times PA. \tag{2}$$

欲证的等式

$$\frac{BP^2}{DP^2} = \frac{BE \times BF}{DE \times DF}$$

$$\Leftrightarrow BP^2 \times DE \times DF = DP^2 \times BE \times BF$$

$$\Leftrightarrow BP^2(PE - PD)(PD + PF) = DP^2 \times (BP + PE)(PF - BP)$$

$$\Leftrightarrow BP^2[PE \times PF + PD(PE - PF)] = DP^2[PE \times PF + BP(PF - PE)]$$

$$\Leftrightarrow (DP^2 - BP^2) \times PE \times PF = PD \times BP \times (PD + BP)(PE - PF)$$

$$\Leftrightarrow (DP - BP) \times PE \times PF = PD \times BP \times (PE - PF)$$

$$\Leftrightarrow (DP - BP) \times PM \times PC \times PA = PD \times BP \times (PA - PC) \times PN$$

(用(1)、(2)代入)

$$\Leftrightarrow 2PN \times PM \times PC \times PA = PD \times BP \times 2PM \times PN$$
$$\Leftrightarrow PC \times PA = PB \times PD. \tag{3}$$

最后一式显然成立.

本题并不难,但能够顺利解出的人却不多.

要点在耐心地由结论倒溯而上.先将所有量都改为以 P 为端点的线段,再用(1)、(2)去掉题目中最后出现的 E,F,直至只剩下 A,B,C,D 及 P 的式子(3).

点 P 是本题的枢纽.如果以 AC,BD 为坐标轴,P 就是原点.

61．两处射影

圆内接四边形 $ABCD$ 的边 AB,CD 的中点分别为 M,N. L 是 MN 的中点. M 在 BC,AD 上的射影分别为 P,Q.

求证: $LP = LQ$.

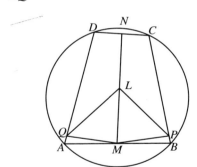

证明　设 N 在 AD 上的射影为 R.记

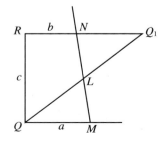

$$MQ = a, \quad NR = b, \quad RQ = c, \quad MN = d,$$

则考虑直角梯形 $MNRQ$,有

$$d^2 = (a - b)^2 + c^2. \tag{1}$$

延长 QL 交 RN 的延长线于 Q_1,则

$$NQ_1 = QM = a,$$

$$4QL^2 = QQ_1^2 = (a + b)^2 + c^2 = d^2 + 4ab. \tag{2}$$

因为

$$ab = RN \times QM = ND\sin D \times MA \times \sin A$$
$$= NC \times MB \times \sin B \sin C, \tag{3}$$

所以同样可得

$$4PL^2 = d^2 + 4ab. \tag{4}$$

$$PL = QL. \tag{5}$$

本题的(2)表明 QL 只与 d 及 ab 相关.而(3)表明与 PL 相对应的 $a'b' = ab$(虽然 a' 与 a,b' 与 b 未必相等),所以(4)成立.

图中 MN 的两侧地位平等,M,N 地位平等,这也是一种对称,不是几何中严格的对称,而是一种广义的对称.

62. 平分线段

设△ABC 的内切圆切各边于 D,E,F.直线 DF 交直线 AC 于 P,DE 交直线 AB 于 Q.过内心 I 且垂直于 PQ 的直线交 EF 于 R.

求证:直线 AR 平分 PQ.

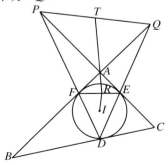

证明　设 AR 交 PQ 于 T,IR 交 PQ 于 S,交 AF 于 M.连 IE,IF.
因为 $\angle IFQ = \angle ISQ = 90°$,所以

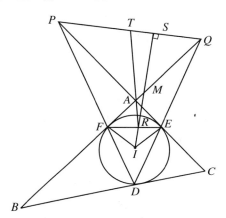

$$\angle AQT = 90° - \angle SMQ = 90° - \angle RMF = \angle RIF. \tag{1}$$

$$\angle APT = \angle RIE. \tag{2}$$

由正弦定理:

$$TQ = \frac{AT\sin\angle TAQ}{\sin\angle AQT},$$

$$TP = \frac{AT\sin\angle PAT}{\sin\angle APT}.$$

所以

$$\frac{TQ}{TP} = \frac{\sin\angle TAQ \times \sin\angle APT}{\sin\angle AQT \times \sin\angle PAT}. \tag{3}$$

在等腰三角形 AEF 中,$\angle AFR = \angle AER$,所以与(3)类似,得

$$\frac{FR}{RE} = \frac{\sin\angle FAR}{\sin\angle RAE}. \tag{4}$$

在等腰三角形 IEF 中,有

$$\frac{FR}{RE} = \frac{\sin\angle RIF}{\sin\angle RIE}. \tag{5}$$

由(4)、(5),有

$$\frac{\sin\angle FAR \times \sin\angle RIE}{\sin\angle RAE \times \sin\angle RIF} = 1. \tag{6}$$

因为 $\angle TAQ = \angle FAR$,$\angle PAT = \angle RAE$,由(6)及(1)、(2)、

(3),得

$$\frac{TQ}{TP} = 1,$$

即 T 为 PQ 的中点.

评注 本题只用正弦定理,其实并不难.关键在于发现(1)与(2).

63. 寻找相似形

O 是锐角三角形 ABC 的外心,AD 是高(D 在 BC 上).直线 AD 与 CO 相交于 E.M 是 AE 上一点.过 C 作 AO 的垂线,垂足为 F.直线 OM 交 BC 于 P.求证:O,B,F,P 四点共圆的充分必要条件是 M 为 AE 的中点.

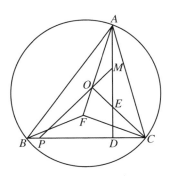

证明 设 $BC = a$,$\angle BAC = \angle A$,$\angle ABC = \angle B$,外接圆半径为 R.

因为 $\angle CFA = \angle ADC = 90°$,所以 A,F,D,C 四点共圆,有

$$\angle DCF = \angle DAF. \tag{1}$$

O,B,F,P 四点共圆 $\Leftrightarrow \angle FBP = \angle FOP \Leftrightarrow \triangle BCF \backsim \triangle OAM$

$$\Leftrightarrow \frac{R}{a} = \frac{AM}{CF} \Leftrightarrow CF = 2 \cdot AM\sin A. \tag{2}$$

$\triangle OCA$ 是等腰三角形,腰上的高相等,所以 CF 等于 A 到直线 CO 的距离,即

$$CF = AE\sin\angle OEA = AE\sin\angle CED$$

$$= AE\sin\frac{\angle BOC}{2} = AE\sin A.$$

因此 O，B，F，P 四点共圆 $\Leftrightarrow AE = 2AM$．

评注　本题首先发现(1)．从而

$$\angle FBP = \angle FOP \Leftrightarrow \triangle BCF \backsim \triangle OAM．$$

其他就都"顺理成章"了．

64. 两角之差

O 是锐角三角形 ABC 的外心．直线 AO 交 BC 于 D．$\triangle ABD$，$\triangle ACD$ 的外心分别为 P，Q．延长 BA 到 R，使 $AR = AC$．延长 CA 到 S，使 $AS = AB$．求证：四边形 $PQRS$ 是矩形的充分必要条件是

$$|\angle ACB - \angle CBA| = 60°．$$

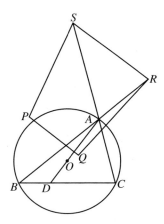

证明　$PQ \perp \odot P$ 与 $\odot Q$ 的公共弦 DA．

延长 OA 交 SR 于 T．因为

$$\triangle ARS \cong \triangle ACB，$$

所以 $\angle ARS = \angle C$．而

$$\angle TAR = \angle OAB = 90° - \angle C，$$

所以

$$\angle ARS + \angle TAR = 90°，$$
$$OA \perp SR．$$

从而 $PQ /\!/ SR$．

不妨设 $\angle C \geqslant \angle B$. 连 QA, QC.

$\angle ADC = \angle B + \angle OAB = 90° + \angle B - \angle C$,

$\angle QAC = 90° - \angle ADC = \angle C - \angle B$,

$\angle QAR = \angle QAC + \angle CAR = (\angle C - \angle B) + (\angle C + \angle B)$

$\qquad = 2\angle C$.

$\angle ARQ = 90° - \angle C$

$\Leftrightarrow \angle AQR = 90° - \angle C$

$\Leftrightarrow QA = AR = AC \Leftrightarrow \triangle QAC$ 为正三角形

$\Leftrightarrow \angle QAC = 60° \Leftrightarrow \angle C - \angle B = 60°$,

即

$$QR \perp SR \Leftrightarrow \angle C - \angle B = 60°.$$

同样, $PS \perp SR \Leftrightarrow \angle C - \angle B = 60°$.

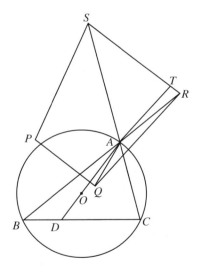

所以

$$\angle C - \angle B = 60° \Leftrightarrow QR \perp SR, PS \perp SR$$

$$\Leftrightarrow \text{四边形 } PQRS \text{ 为矩形}.$$

65. 绕过障碍

设 $\odot O_1$ 与 $\odot O_2$ 交于 P,Q 两点，AB 为公切线，A,B 是切点．AP 又交 $\odot O_2$ 于 C．M 为 BC 中点．求证：$\angle MQP = \angle CPB$．

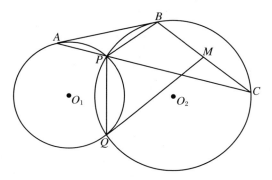

证明 设公共弦 PQ 延长后交 AB 于 T，则

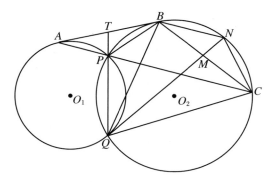

$$TA^2 = TP \times TQ = TB^2,$$

所以

$$TA = TB.$$

T 是 AB 中点．

过 B 作 AC 的平行线，交 $\odot O_2$ 于 N．因为

$$\angle APB = \angle BNC, \quad \angle ABP = \angle BCP = \angle CBN,$$

所以

$$\triangle BAP \backsim \triangle BCN.$$

连 NQ. 因为 $\angle CNQ = \angle CPQ = \angle APT$, 所以在相似 $\triangle BAP$ 和 $\triangle BCN$ 中, PT 与 NQ 对应. 因为 T 是 AB 中点, 所以 NQ 与 BC 的交点就是 BC 的中点 M. 从而

$$\angle MQP = \angle NQP = \angle NCP.$$

圆内接四边形 $PCNB$ 是梯形. 所以是等腰梯形.

$$\angle CPB = \angle NCP = \angle MQP.$$

评注　本题的困难在于"M 为 BC 中点"这一条件难以直接利用, 甚至成了障碍. 因此我们绕过它, 先作一个与 $\triangle BAP$ 相似的 $\triangle BCN$. N 其实就是直线 QM 与 $\odot O_2$ 的交点, 但我们却反过来, 先确定 N, 再证明 NQ 与 BC 的交点是 M. 其实这就是"同一法". 同一法的要点就是从容易的地方下手,"拣软柿子捏".

对相交的圆, 公共弦(及其所在直线)是一定要作出的辅助线. 这条线上的点(例如 T)到两个已知圆的切线相等.

66. 冬令营试题

在锐角三角形 ABC 中, $AB \neq AC$, $\angle BAC$ 的平分线与边 BC 交于 D. 点 E, F 分别在 AB, AC 上, 使得 B, C, F, E 四点共圆. 求证: $\triangle DEF$ 的外接圆圆心与 $\triangle ABC$ 的内心 I 重合的充分必要条件是 $BE + CF = BC$.

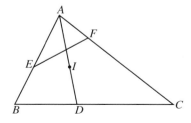

证明　设 $BE + CF = BC$.

在线段 BC 上取 G, 使 $BG = BE$, 则 $GC = CF$. 由 $\triangle IGB \cong \triangle IEB$, 得 $IG = IE$.

同样 $IF = IG$. I 是 $\triangle EFG$ 的外心. 如果 G 就是 D, 已经证毕. 设

G 不是 D.

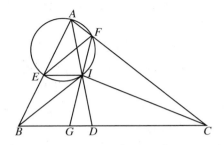

因为 B,C,E,F 四点共圆,所以

$$AE \times AB = AF \times AC.$$

因为 $AB \neq AC$,所以 $AE \neq AF$.

在 $\triangle AEF$ 中,EF 的垂直平分线与 $\angle EAF$ 的角平分线 AD 不重合,因而只有一个交点,也就是 $\odot AEF$ 的 $\overparen{EF}$ 的中点.

因为 $IE = IF$,所以 I 就是 EF 的垂直平分线与 AD 的交点,从而 I 就是 $\overparen{EF}$ 的中点.

因为 A,E,I,F 四点共圆,所以

$$\angle IGB = \angle IEB = \angle AFI = \angle AFE + \angle EFI$$
$$= \angle ABC + \angle BAD = \angle ADC,$$
$$\angle IGD = \angle IDG, \quad ID = IG.$$

I 是 $\triangle DEF$ 的外心.

反之,设 I 是 $\triangle DEF$ 的外心.与上面相同,I 在 $\odot AEF$ 上(并且是 $\overparen{EF}$ 的中点).

在射线 BC 上取 G,使 $BG = BE$.同上可得 $\triangle IGB \cong \triangle IEB$.所以

$$\angle IGB = \angle IEB = \angle AFI > \angle ACI = \angle ICB,$$

G 在线段 BC 上,并且

$$\angle IGC = \angle IFC = 180° - \angle IGB,$$
$$\triangle IGC \cong \triangle IFC,$$
$$GC = FC.$$
$$BC = BG + GC = BE + CF.$$

评注 本题是 2014 年冬令营(CMO)的试题.

67. 又见中点

在△ABC中,AB = AC,D是△ABC内一点,∠DCB = ∠DBA.
E,F分别在线段DB,DC上.求证:直线 AD 平分线段EF的充分必要
条件是 E,B,C,F 四点共圆.

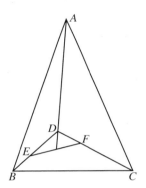

证明　设 M 为BC中点.AD 交 BC 于 H,交 EF 于N(图 67.1).
因为∠DBA = ∠DCB,所以⊙DBC 与 AB 相切.

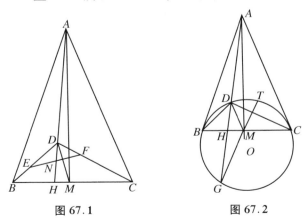

图 67.1　　　　　　　图 67.2

∠ACD = ∠ACB - ∠DCB = ∠ABC - ∠DBA = ∠DBC,
所以⊙DBC 也与 AC 相切.

设 O 为 $\odot DBC$ 的圆心. AD 又交 $\odot O$ 于 G, GM 又交 $\odot O$ 于 T.

由第 34 题, $\angle DMB = \angle BMG$, D 和 T 关于 OA 对称. 所以(图 67.2)

$$\angle HDC = \angle GTC = \angle BDM. \tag{1}$$

如果 E, B, C, F 四点共圆,那么

$$\triangle DEF \backsim \triangle DCB.$$

由于(1), DH 与 DM 对应, N 与 M 对应. 从而 N 是 EF 中点.

反之,已知 N 为 EF 中点. 设 $\odot EBC$ 交 CD 于 F',则由上面的充分性, AD 与 EF' 的交点 N' 是 EF' 中点. 从而 $NN' /\!/ FF'$. 但 AD 与 CD 相交于 D,并不是平行线,所以 F' 与 F, N' 与 N 重合,即 E, B, C, F 四点共圆.

五 更多的知识,更多的问题

68. 角平分线的性质

AD 是 $\triangle ABC$ 的角平分线,D 在边 BC 上. 求证:

$$\frac{AB}{AC} = \frac{BD}{DC}. \tag{1}$$

反之,设 D 为边 BC 上一点,并且(1)成立,证明 AD 是角平分线.

证明 设 AD 为角平分线. 过 D 作 AC 的平行线,交 AB 于 E.

因为 $DE /\!/ AC$,所以

$$\angle EDA = \angle DAC = \angle BAD,$$

$$ED = EA.$$

$$\frac{BD}{DC} = \frac{BE}{EA} = \frac{BE}{ED} = \frac{AB}{AC}.$$

反之,若(1)成立,作角平分线 AD',D' 在 BC 上,则由上面所证 $\frac{BD'}{D'C} = \frac{AB}{AC} = \frac{BD}{DC}$,所以 D' 与 D 重合,AD 是角平分线.

同样,设点 D 在 $\triangle ABC$ 的边 BC 的延长线上,则当且仅当

$$\frac{BD}{CD} = \frac{AB}{AC}$$

时,AD 是 $\angle BAC$ 的外角平分线.

69. 分点公式

点 A,B 到直线 l 的距离分别为 a,b. 点 C 在线段 AB 上,并且

$\dfrac{AC}{CB} = \dfrac{m}{n}$. 求 C 到直线 l 的距离.

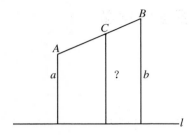 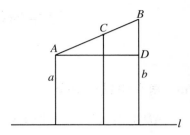

解 过 A 作 l 的平行线,与 B 到 l 的垂线相交于 D,则 $BD = b - a$.

因为 $\dfrac{AC}{AB} = \dfrac{m}{m+n}$,所以 C 到 AD 的距离为 $\dfrac{m}{m+n}(b-a)$,C 到 l 的距离为

$$a + \frac{m}{m+n}(b-a) = \frac{na+mb}{m+n}.$$

这个公式称为分点公式,用处很多.

注意这个公式的分子中,a 的系数为 n,b 的系数为 m. 不要误记为 a 的系数为 m.

常将 $\dfrac{m}{m+n}$ 记为 λ,$\dfrac{n}{m+n}$ 记为 μ,这时 $\dfrac{AC}{CB} = \dfrac{\lambda}{\mu}$. 而 $\lambda + \mu = l$. C 到 l 的距离是 $\mu a + \lambda b$.

点 C 在 AB 或 BA 延长线上,公式仍可适用,只是这时 $m, n(\lambda, \mu)$ 可能是负数.

70. 和为 1

由 $\odot O$ 外一点 P 作切线,A 为切点. 又作割线 PB,交 $\odot O$ 于 B,C. $\angle APB$ 的平分线分别交 AB,AC 于 D,E. 求证:

$$\frac{BD}{AB} + \frac{EC}{AC} = 1.$$

证明 因为 PD 平分 $\angle APB$,所以

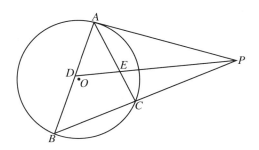

$$\frac{BD}{DA} = \frac{PB}{PA},$$

由比的性质,有

$$\frac{BD}{AB} = \frac{PB}{PA + PB}. \tag{1}$$

同样,有

$$\frac{EC}{AC} = \frac{PC}{PA + PC}. \tag{2}$$

因为

$$PA^2 = PB \times PC, \tag{3}$$

所以

$$\begin{aligned}
\frac{PB}{PA + PB} &= \frac{PB \times PC}{(PA + PB) \times PC} \\
&= \frac{PA^2}{PA \times PC + PA^2} \\
&= \frac{PA}{PC + PA}.
\end{aligned} \tag{4}$$

由(1)、(4)、(2),得

$$\frac{BD}{AB} + \frac{EC}{AC} = \frac{PA}{PC + PA} + \frac{PC}{PA + PC} = 1.$$

71. 相交何处

在△ABC 中,$AB > AC$. BE,CF 为角平分线(E,F 分别在 AC,AB)上.直线 EF 与直线 BC 应当相交.交点在 BC 的延长线上,还是在

CB 的延长线上? 请说明理由.

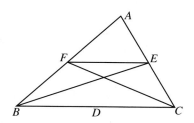

解　记三边长为 a, b, c. 由角平分线性质,有

$$\frac{FB}{AF} = \frac{a}{b} > \frac{a}{c} = \frac{EC}{AE},$$

所以两边同加 1,得

$$\frac{AB}{AF} > \frac{AC}{AE}.$$

即

$$\frac{AF}{AB} < \frac{AE}{AC}.$$

因此,过 E 作 BC 的平行线交 AB 于 F',则 F 在线段 AF' 内部,即

$$\angle AEF < \angle AEF' = \angle C,$$

从而直线 EF 与 BC 相交,而且交点在 BC 的延长线上(若交点在 CB 延长线上,则由外角大于不相邻的内角得 $\angle AEF > \angle C$).

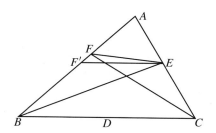

72. 截线定理

一条直线与 $\triangle ABC$ 的边 AB, AC 分别相交于 F, E, 又交 BC 的延

长线于 D. 求证: $\dfrac{DC}{DB} \times \dfrac{EA}{CE} \times \dfrac{FB}{AF} = 1$.

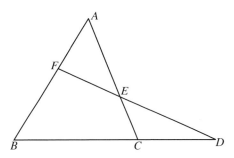

本题的结论称为截线定理或 Menelaus 定理.

证明

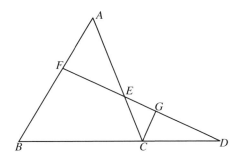

过 C 作 AB 的平行线,交 DF 于 G.

$$\frac{DC}{DB} = \frac{GC}{FB}, \tag{1}$$

$$\frac{EA}{CE} = \frac{AF}{GC}. \tag{2}$$

所以

$$\frac{DC}{DB} \times \frac{EA}{CE} \times \frac{FB}{AF} = \frac{GC}{FB} \times \frac{AF}{GC} \times \frac{FB}{AF} = 1.$$

平行线的作用之一就是建立比例式.

Menelaus 定理的逆命题也是成立的. 即设 F, E, D 分别在 $\triangle ABC$ 的边 AB, AC, BC 的延长线上,并且

$$\frac{DC}{DB} \times \frac{EA}{CE} \times \frac{FB}{AF} = 1. \tag{3}$$

则 D,E,F 共线.

证明很容易,设直线 EF 交 BC 的延长线于 D',则

$$\frac{D'C}{D'B} \times \frac{EA}{CE} \times \frac{FB}{AF} = 1. \tag{4}$$

比较(3)、(4),得 $\dfrac{D'C}{D'B} = \dfrac{DC}{DB}$,所以 D' 与 D 是同一个点,D,E,F 三点共线.

评注　作平行线产生比例线段是常用方法.不一定要作很多条平行线.本题只作一条也就足够了.

73. Ceva 定理

P 为 $\triangle ABC$ 内一点,AP,BP,CP 延长后分别交对边于 D,E,F.求证:

$$\frac{BD}{DC} \times \frac{CE}{EA} \times \frac{AF}{FB} = 1.$$

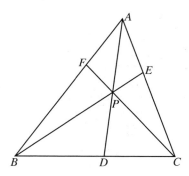

证明　对 $\triangle ADC$ 与直线 BP,有

$$\frac{BD}{BC} \times \frac{CE}{EA} \times \frac{AP}{PD} = 1. \tag{1}$$

对 $\triangle ABD$ 与直线 CP,有

$$\frac{BC}{DC} \times \frac{PD}{AP} \times \frac{AF}{FB} = 1. \tag{2}$$

(1)、(2)相乘,得

$$\frac{BD}{DC} \times \frac{CE}{EA} \times \frac{AF}{FB} = 1. \tag{3}$$

本题结果称为 Ceva 定理.它的逆命题也是正确的.即设 D,E,F 分别在△ABC 的边 BC,CA,AB 上,并且(3)成立,则 AD,BE,CF 三线共点.

证明不难.设 BE,CF 交于 P,直线 AP 交 BC 于 D',则由 Ceva 定理,有

$$\frac{BD'}{D'C} \times \frac{CE}{EA} \times \frac{AF}{FB} = 1. \tag{4}$$

比较(3)、(4)得 $\dfrac{BD}{DC} = \dfrac{BD'}{D'C}$,所以 D 与 D' 重合,即 AD,BE,CF 三线共点.

评注　Ceva 定理不过是 Menelaus 定理的一个推论.前者在公元前 100 年左右就被发现,但后来却被遗忘了,直到被意大利工程师 Ceva 重新发现.1678 年,他发表了这两个定理(Ceva 定理与 Menelaus 定理).

74. 角元形式

在△ABC 中,D,E,F 分别在边 BC,CA,AB 上,如果

$$\frac{\sin\angle BAD}{\sin\angle DAC} \times \frac{\sin\angle CBE}{\sin\angle EBA} \times \frac{\sin\angle ACF}{\sin\angle FCB} = 1, \tag{1}$$

那么 AD,BE,CF 三线共点.

反之,如果 AD,BE,CF 共点,那么(1)成立.

试证明上述结论.

证明　由正弦定理:

$$\frac{BD}{\sin\angle BAD} = \frac{AB}{\sin D},$$

$$\frac{DC}{\sin\angle DAC} = \frac{AC}{\sin D}.$$

所以

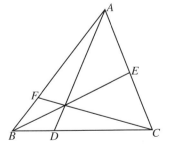

$$\frac{BD}{DC} = \frac{\sin\angle BAD}{\sin\angle DAC} \times \frac{AB}{AC}.$$

类似地,可得相应的等式,所以

$$\frac{BD}{DC} \times \frac{CE}{EA} \times \frac{AF}{FB} = \frac{\sin\angle BAD}{\sin\angle DAC} \times \frac{\sin\angle CBE}{\sin\angle EBA}$$

$$\times \frac{\sin\angle ACF}{\sin\angle FCB} \times \frac{AB \times AC \times BC}{AC \times BC \times AB}$$

$$= \frac{\sin\angle BAD}{\sin\angle DAC} \times \frac{\sin\angle CBE}{\sin\angle EBA} \times \frac{\sin\angle ACF}{\sin\angle FCB}.$$

于是,由 Ceva 定理,当且仅当(1)成立时,AD,BE,CF 三线共点.

评注 本题结论是 Ceva 定理的另一种形式.有人称之为角元形式的 Ceva 定理.

75. Gergonne 点

$\triangle ABC$ 的内切圆分别切 BC,CA,AB 于 D,E,F.

求证:AD,BE,CF 共点.

这点称为 Gergonne 点.

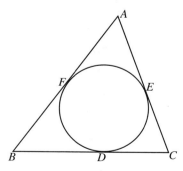

证明 $BD = BF$,$CD = CE$,$AE = AF$,所以

$$\frac{BD}{DC} \times \frac{CE}{EA} \times \frac{AF}{FB} = \frac{BD}{FB} \times \frac{CE}{DC} \times \frac{AF}{EA} = 1.$$

由 Ceva 定理,AD,BE,CF 共点.

76. 等角共轭点

已知角 $\angle BAC$ 中的两条射线 AP,AP',如果满足 $\angle BAP = \angle P'AC$,那么 AP,AP' 就称为关于 $\angle BAC$ 的等角线.

如果在 $\triangle ABC$ 中,AP,BQ,CR 相交于一点.求证:它们分别关于 $\angle BAC$,$\angle ABC$,$\angle ACB$ 的等角线 AP',BQ',CR' 也相交于一点.

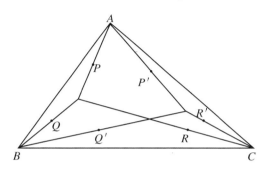

证明 因为 AP,BQ,CR 共点,所以

$$\frac{\sin\angle BAP}{\sin\angle PAC} \times \frac{\sin\angle CBQ}{\sin\angle QBA} \times \frac{\sin\angle ACR}{\sin\angle RCB} = 1. \qquad (1)$$

由等角线的定义,$\angle BAP = \angle CAP'$,$\angle PAC = \angle P'AB$,等等,所以由(1),得

$$\frac{\sin\angle CAP'}{\sin\angle P'AB} \times \frac{\sin\angle ABQ'}{\sin\angle Q'BC} \times \frac{\sin\angle BCR'}{\sin\angle R'CA} = 1.$$

从而 AP',BQ',CR' 共点.

77. 又一个三线共点

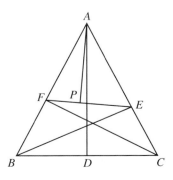

设 AD,BE,CF 为锐角三角形 ABC 的三条高,D,E,F 分别在 BC,CA,AB 上.$\triangle AEF$,$\triangle BFD$,$\triangle CDE$ 的内切圆分别切 EF,FD,DE 于 P,Q,R.

求证:AP,BQ,CR 三线共点.

证明 设 $\triangle ABC$ 的内切圆分别切

BC, CA, AB 于 L, M, N.

因为 $\angle BEC = \angle BFC = 90°$, 所以 B, C, E, F 四点共圆.

$$\angle AFE = \angle ACB.$$

$$\triangle AFE \backsim \triangle ACB.$$

AP 与 AL 是对应的直线, 所以

$$\angle FAP = \angle LAE.$$

于是 AP 与 AL 是等角线. 同理 BQ 与 BM, CR 与 CN 也都是等角线.

AL, BM, CN 共点 (Gergonne 点), 所以 AP, BQ, CR 共点.

78. 外角平分线

在 $\triangle ABC$ 中, BE, CF 是角平分线. 直线 FE 与直线 BC 相交于 D. 求证: AD 是 $\triangle ABC$ 的外角平分线.

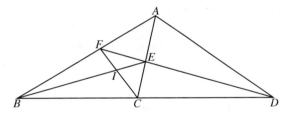

证明 由 Menelaus 定理, 得

$$\frac{AF}{FB} \times \frac{BD}{CD} \times \frac{CE}{EA} = 1. \tag{1}$$

而

$$\frac{AF}{FB} = \frac{AC}{BC}, \tag{2}$$

$$\frac{CE}{EA} = \frac{BC}{AB}. \tag{3}$$

所以由 (1)、(2)、(3), 得

$$\frac{AC}{AB} \times \frac{BD}{CD} = 1. \tag{4}$$

即

$$\frac{BD}{CD} = \frac{AB}{AC}.$$

从而 AD 是 $\triangle ABC$ 的外角平分线.

79. 完全四边形

四边形 $ABCD$ 的对边 BA, CD 延长后交于 E, DA 和 CB 的延长线交于 F. 对角线 AC, BD 交于 G, 直线 EG 交 BC 于 P. 求证:

$$\frac{BP}{PC} = \frac{FB}{FC}.$$

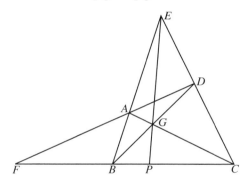

证明　对 $\triangle EBC$ 与直线 FD, 由 Menelaus 定理, 有

$$\frac{FB}{FC} = \frac{AB}{EA} \times \frac{DE}{CD}. \tag{1}$$

再由 Ceva 定理, 有

$$\frac{BP}{PC} = \frac{AB}{EA} \times \frac{DE}{CD}. \tag{2}$$

由(1)、(2), 得

$$\frac{FB}{FC} = \frac{BP}{PC}.$$

评注　图中, 由四条直线 AB, CD, AD, BC 组成的图形通常称为完全四边形.

对于一条直线上顺次四点 F, B, P, C, 称比 $\dfrac{BF}{FC} : \dfrac{BP}{PC}$ 为这四个点的复比, 其中线段是有向的, BF 与 FC 方向相反, 所以比值是负的. 如

果这比值为 -1,那么就说 F,B,P,C 四点成调和点列.

本题图中的 F,B,P,C 四点成调和点列,这是完全四边形的一个重要性质.同样可知在图中,如果 EG 与 AD 相交于 Q,那么 F,A,Q,D 四点也是调和点列.

80. 以一当二

在 $\triangle ABC$ 中,BM,CN 为角平分线.点 P 在线段 MN 上.过 P 分别作 BC,CA,AB 的垂线,垂足分别为 D,E,F.求证:

$$PD = PE + PF.$$

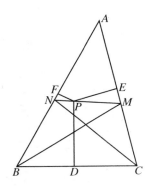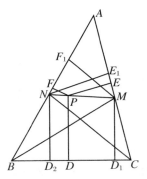

证明　设 $\dfrac{MP}{MN} = \lambda$,$\dfrac{PN}{MN} = \mu$,$\lambda + \mu = 1$.

设 M 在 BC,AB 上的射影分别为 D_1,F_1.N 在 BC,AC 上的射影上分别为 D_2,E_1,则

$$PE = \frac{PM}{NM} \times NE_1 = \mu \times NE_1, \tag{1}$$

$$PF = \lambda \times MF_1. \tag{2}$$

又由分点公式,有

$$PD = \lambda \times MD_1 + \mu \times ND_2. \tag{3}$$

因为 BM 是角平分线,$MD_1 = MF_1$.

同样,$ND_2 = NE_1$.

由(1)、(2)、(3),得

$$PD = \lambda \times MF_1 + \mu \times NE_1 = PF + PE.$$

81．又是角平分线

P 为锐角三角形 ABC 内一点,过 P 分别作 BC,CA,AB 的垂线,垂足分别为 D,E,F,BM 为 $\angle ABC$ 的平分线,MP 的延长线交 AB 于点 N.已知 $PD = PE + PF$.求证:CN 是 $\angle ACB$ 的平分线.

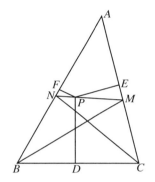

证明　设直线 PD 与直线 AC 交于 Q.(因为 $\angle C + \angle PDC < 90°+ 90° = 180°$,所以这两条直线一定相交).因为 $\angle C < 90°$,所以 Q 与 A 在 C 的同侧(Q 与 P 在 D 的同侧).

对于线段 DP 上的点 P_1,$P_1E_1 = \dfrac{P_1Q}{PQ} \times PE > PE$.

同样 $P_1F_1 > PF$.所以
$$P_1D < PD = PE + PF < P_1E_1 + P_1F_1.$$
同样,对于线段 PQ 上的点 P_2,有
$$P_2D > P_2E_2 + P_2F_2.$$
于是,在 $\triangle ABC$ 内,直线 DP 上,满足 $PD = PE + PF$ 的点只有一个.

设 CN_1 为 $\angle ACB$ 的平分线.连 MN_1 交直线 DP 于 P',则由上题

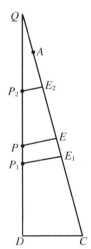

$$P'D = P'E + P'F.$$

而由唯一性,这样的点 P' 一定是点 P.从而 N_1 一定是 N,即 CN 是 $\angle ACB$ 的平分线.

82. Simson 线

自 $\triangle ABC$ 的外接圆上一点 P 向三边作垂线,垂足分别为 D,E, F.求证:D,E,F 三点共线.

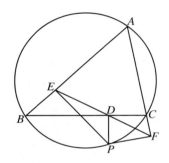 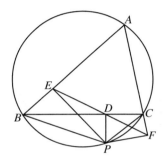

证明　连 PB,PC.A,B,P,C 四点共圆,所以

$$\angle ABD + \angle ACD = 180°.$$

不妨设 $\angle ABD \leqslant \angle ACD$.这时 $\angle ABD \leqslant 90°$,$\angle ACD \geqslant 90°$.所以 E 在线段 AB 上,F 在线段 AC 的延长线上.

因为 $\angle PDB = 90° = \angle PEB$,所以 P,D,E,B 四点共圆.

$$\angle BDE = \angle BPE = 90° - \angle ABP.$$

同理,有

$$\angle CDF = \angle CPF = 90° - \angle PCF.$$

因为 $\angle ABP = \angle PCF$,所以

$$\angle BDE = \angle CDF.$$

因为 BC 是一条直线,E,F 在 BC 两侧,并且 $\angle BDE = \angle CDF$,所以 E,D,F 在一条直线上.

评注　直线 EF 称为 Simson 线.其实这条直线是 1797 年 Wallace 首先发现的.

Simson 线的逆命题也成立,即自一点 P 向 $\triangle ABC$ 作垂线,如果垂足 D,E,F 共线,那么 P 在 $\odot ABC$ 上.

证明不难,留给读者自己完成.

83. 谬证一例

定理　三角形都是等腰三角形.

证明　设 $\triangle ABC$ 中,角平分线 AD 与 BC 的垂直平分线相交于 K.过 K 作 $KE \perp AB$,$KF \perp AC$.E,F 为垂足.

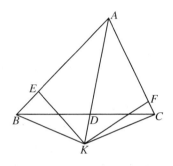

因为 K 在角平分线 AD 上,所以 $KE = KF$.

$$\text{Rt}\triangle KEA \cong \text{Rt}\triangle KFA,$$
$$AE = AF. \qquad (1)$$

因为 K 在 BC 的垂直平分线上,所以 $KB = KC$.

$$\text{Rt}\triangle KEB \cong \text{Rt}\triangle KFC,$$
$$EB = FC. \qquad (2)$$

$(1)+(2)$,得

$$AB = AC.$$

因此一切三角形都是等腰三角形.

上面的定理是荒谬的.因此证明一定有错.错在哪里?

解　E,F 两个垂足,一个在边上,另一个在边的延长线上.理由在上节的证明中已经说及(注意 K 点必在 $\odot ABC$ 上,并且是 $\overparen{BC}$ 的中点).

84. 根轴

$\odot O_1,\odot O_2$ 相交于 E,F.过点 P 的两条直线分别交 $\odot O_1$ 于 A,B,交 $\odot O_2$ 于 C,D.求证:

$$PA \times PB = PC \times PD \qquad (1)$$

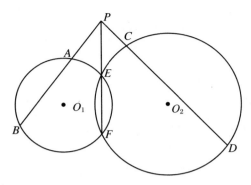

的充分必要条件是 P 在直线 EF 上.

证明　充分性很容易证明. 设 P 在直线 EF 上,则

$$PA \times PB = PE \times PF = PC \times PD.$$

反之,设(1)成立. 过 P,F 作直线,又交 $\odot O_1$ 于 E',则

$$PE' \times PF = PA \times PB = PC \times PD.$$

因此点 E',F,C,D 共圆,即 E' 在 $\odot O_2$ 上. 从而 E' 是 $\odot O_1$,$\odot O_2$ 的公共点. E' 不是 F,所以 E' 就是 E. P 在直线 EF 上.

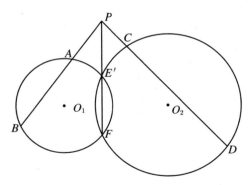

评注　直线 EF 称为 $\odot O_1$,$\odot O_2$ 的根轴,在第 95 题中我们还要讨论它.

85. 重要之点

在 $\triangle ABC$ 中,M 是 BC 中点,AD 是角平分线. 过 D 且垂直于 AD

的直线分别交 AB , AM 于 P , Q .过 P 且垂直 AB 的直线交 AD 于 R .

求证: $RQ \perp BC$.

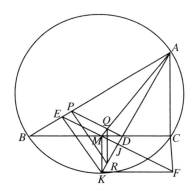

证明　设 $\odot ABC$ 的 $\overset{\frown}{BC}$ 的中点为 K ,则 AD 过 K , $KM \perp BC$.

作 $KE \perp AB$, $KF \perp AC$, E , F 为垂足,则 E , M , F 三点共线(Simson 线).并且因为 E , F 关于角平分线 AK 对称,所以 $EF \perp AK$.从而 $EF /\!/ DP$.

因而 KE , PR 均与 AB 垂直,所以 $KE /\!/ PR$.

$$\frac{AR}{AK} = \frac{AP}{AE} = \frac{AQ}{AM}. \tag{1}$$

所以 $QR /\!/ MK$.

本题用三角也可以做:设 K 在 AB 上的射影为 E , E 在 AD 上的射影为 J . $\angle BAK = \alpha$, $\angle QAD = \beta$,则

$$AK\cos^2\alpha = AE\cos\alpha = AJ = AM\cos\beta, \tag{2}$$

$$AR\cos^2\alpha = AP\cos\alpha = AD = AQ\cos\beta. \tag{3}$$

所以(1)成立.

本题又用到角平分线与外接圆的交点. 这点真是一个重要之点.

青岛城阳一中李一峰老师提供解析几何的解法:

以 A 为原点, AD 为 x 轴. 设 D 坐标 $(d,0)$, 直线 AB, AC 方程分别为 $y = kx$, $y = -kx$, 则 P 点为 (d, kd), 直线 PR 方程为

$$y - kd = -\frac{1}{k}(x - d).\tag{4}$$

在(4)中令 $y = 0$ 得 $x = (k^2 + 1)d$, 即 R 点坐标为

$$((k^2 + 1)d, 0).\tag{5}$$

设 BC 方程为

$$y = t(x - d).\tag{6}$$

(6)与 $y = kx$ 联立, 解出 B 点坐标为

$$\left(\frac{td}{t-k}, \frac{tdk}{t-k}\right),\tag{7}$$

同理, C 点坐标为

$$\left(\frac{td}{t+k}, -\frac{tdk}{t+k}\right).\tag{8}$$

所以 M 点坐标为

$$\left(\frac{t^2 d}{t^2 - k^2}, \frac{tdk^2}{t^2 - k^2}\right).\tag{9}$$

AM 方程是

$$y = \frac{k^2}{t}x,\tag{10}$$

从而 Q 的坐标为 $\left(d, \dfrac{k^2 d}{t}\right)$, 直线 RQ 的斜率是

$$\frac{\dfrac{k^2 d}{t}}{d - (k^2 + 1)d} = -\frac{1}{t},$$

即 $RQ \perp BC$.

评注 三种解法以纯几何的解法为最难. 解析几何需要计算, 但无需多动脑筋(只有开始选择 A 为原点, AD 为 x 轴这一点需要认真想一想). 本题用三角, 计算似比解析几何少一些.

86. 合二而一

过 $\angle BAC$ 内一点 P 作直线 PB，PC，分别交 AC，AB 于 E，F。再过 P 作 AB，AC 的平行线，分别交 AC，AB 于 K，L。直线 EF 与 KL 交于 Q。

求证：$PQ /\!/ BC$。

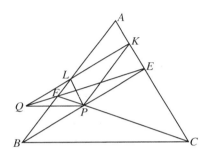

证明　过 P 作 BC 的平行线分别交 AB 于 G，交 AC 于 H。又设这平行线交 KL 于 Q_1，交 EF 于 Q_2。AP 交 BC 于 N。EF 交 BC 于 D。

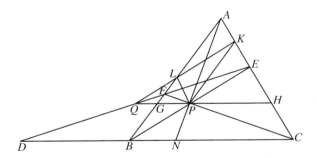

对 $\triangle AGH$ 与截线 KL，由 Menelaus 定理，有

$$\frac{Q_1 G}{Q_1 H} = \frac{LG}{AL} \times \frac{KA}{KH} = \left(\frac{GP}{PH}\right)^2 = \left(\frac{BN}{NC}\right)^2. \tag{1}$$

由于 $GH /\!/ BC$，则

$$\frac{Q_2 G}{Q_2 P} = \frac{DB}{DC}, \qquad \frac{Q_2 H}{Q_2 P} = \frac{DC}{DB},$$

所以

$$\frac{Q_2 G}{Q_2 H} = \frac{DB^2}{DC^2}. \tag{2}$$

由完全四边形性质,有

$$\frac{DB}{DC} = \frac{BN}{NC}. \tag{3}$$

所以

$$\frac{Q_2 G}{Q_2 H} = \left(\frac{BN}{NC}\right)^2 = \frac{Q_1 G}{Q_1 H}.$$

因此 Q_1 , Q_2 重合,即它们就是直线 EF 与 KL 的交点 Q , $PQ /\!/ BC$.

87. 一道题的纯几何证明

已知:在非等腰三角形 ABC 中, I 为内心. AI , BI , CI 分别交对边于 D , E , F . DE , DF 分别交 BI , CI 于 P , Q .

求证: E , F , P , Q 四点共圆的充分必要条件是 $\angle BAC = 120°$.

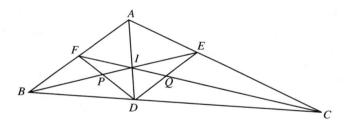

证明　(1)充分性.已知 $\angle BAC = 120°$.

因为 I 是 $\triangle ABC$ 的内心, $\angle DAC = \dfrac{1}{2}\angle BAC = 60° = \dfrac{1}{2}(180° - \angle BAD)$,所以 AC 是 $\triangle BAD$ 的外角平分线.又 BE 是内角平分线,所以 E 是 $\triangle BAD$ 的旁心, DE 平分 $\angle ADC$.于是, Q 是 $\triangle ADC$ 的内心. $\angle IQE = \angle DQC = 90° + \dfrac{1}{2}\angle DAC = 120°$.

同理 $\angle FPI = 120° = \angle IQE$.因此 E , F , P , Q 四点共圆.

(2)必要性.已知 E , F , P , Q 四点共圆.

$\odot QIE$ 与 $\odot PIF$ 已有一个公共点 I ,设另一个公共点为 K ,则

$$\angle FKI = 180° - \angle FPI = 180° - \angle EQI = \angle EKI.$$

因为 E , F , P , Q 四点共圆,所以 $DP \times DF = DQ \times DE$, D 在

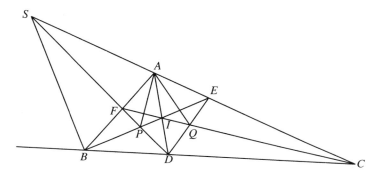

⊙PIE 与⊙PIF 的公共弦 KI 上,也就是 K 在直线 DI 上. 但 A 也在直线 DI 上. 如果 A, K 不同,那么由 AI 平分∠FAE 与∠FKE, 得△$FAK \cong △EAK$, $AF = AE$. 进而∠$AFI = ∠AEI$, ∠$ABC = ∠ACB$. 这与△ABC 非等腰矛盾. 因此 A, K 重合. A, F, P, I 四点共圆, A, E, Q, I 四点共圆.

设直线 DF, CA 相交于 S. 由第 78 题 BS 是∠ABC 的外角平分线,则

$$\angle SBA = \frac{1}{2}(\angle BAC + \angle ACB) = \angle AIF = \angle APF,$$

因此 S, B, P, A 四点共圆.

$$\angle SAB = \angle FPB = \angle FAI = \angle IAE,$$
$$\angle BAC = 120°.$$

88. 充分必要

设 I 是△ABC 的内心. 直线 BI, CI 分别交 CA, AB 于 E, F. 过 I 且垂直于 EF 的直线分别交 EF, BC 于 P, Q.

求证: $IQ = 2IP$ 的充分必要条件是∠$BAC = 60°$.

证明　先证充分性. 设∠$A = 60°$.

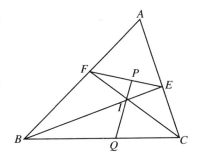

$$\angle BIC = \angle A + \angle ABI + \angle ACI$$
$$= 90° + \frac{1}{2}\angle A = 120°,$$

所以 F, I, E, A 四点共圆.

IA 平分 $\angle BAC$,所以

$$\angle IEF = \angle IAF = 30° = \angle IFE, \quad IE = 2IP.$$
$$\angle CIE = \angle A = 60°.$$
$$\angle CIQ = 180° - \angle CIE - \angle EIP = 120° - (90° - \angle IEF)$$
$$= 60° = \angle CIE,$$

所以

$$\triangle CIQ \cong \triangle CIE.$$
$$IQ = IE = 2IP.$$

再证必要性. 设 $IQ = 2IP$. 记

$$\angle BIQ = \angle EIP = \alpha, \quad \angle QIC = \angle FIP = \beta.$$

则

$$\angle IEC = \angle A + \frac{1}{2}\angle ABC,$$

$$\angle IQC = \angle BIQ + \frac{1}{2}\angle ABC = \alpha + \frac{1}{2}\angle ABC.$$

所以

$$I \text{ 到 } AC \text{ 的距离} = IE\sin\left(A + \frac{B}{2}\right) = \frac{IP}{\cos\alpha} \times \sin\left(A + \frac{B}{2}\right). \quad (1)$$

$$I \text{ 到 } BC \text{ 的距离} = IQ\sin\left(\alpha + \frac{B}{2}\right). \quad (2)$$

由于这两个距离相等(都等于内切圆半径),并且 $IQ = 2IP$,所以

$$2\sin\left(\alpha + \frac{B}{2}\right)\cos\alpha = \sin\left(A + \frac{B}{2}\right). \quad (3)$$

积化和差,得

$$\sin\left(2\alpha + \frac{B}{2}\right) + \sin\frac{B}{2} = \sin\left(A + \frac{B}{2}\right). \quad (4)$$

所以

$$\sin\left(2\alpha + \frac{B}{2}\right) = \sin\left(A + \frac{B}{2}\right) - \sin\frac{B}{2} = 2\sin\frac{A}{2}\sin\frac{C}{2}.$$

因为 $\beta<90°$，所以

$$\alpha = \angle BIC - \beta > \frac{\angle A}{2},$$

$$2\alpha + \frac{\angle B}{2} > \angle A + \frac{\angle B}{2}.$$

而由 (4)，$\sin\left(2\alpha + \frac{B}{2}\right)<\sin\left(A + \frac{B}{2}\right)$. 所以 $2\alpha + \frac{B}{2}$ 为钝角.

同样，$2\beta + \frac{C}{2}$ 为钝角，并且

$$\sin\left(2\beta + \frac{C}{2}\right) = 2\sin\frac{A}{2}\sin\frac{B}{2}. \tag{5}$$

若 $A>60°$，则 $\sin\left(2\alpha + \frac{B}{2}\right)>\sin\frac{C}{2} = \sin\left(180° - \frac{C}{2}\right)$，所以

$$2\alpha + \frac{\angle B}{2} < 180° - \frac{\angle C}{2}.$$

同样，有

$$2\beta + \frac{\angle C}{2} < 180° - \frac{\angle B}{2}.$$

以上两式相加，得

$$2(\alpha + \beta) < 360° - (\angle B + \angle C) = 180° + \angle A,$$

与 $\alpha + \beta = 90° + \frac{\angle A}{2}$ 矛盾.

若 $\angle A<60°$，则同样得

$$2(\alpha + \beta) > 180° + \angle A,$$

仍然矛盾.

因此 $\angle A = 60°$.

89. 笨办法？好办法？

在 $\triangle ABC$ 中，$\angle A = 60°$，D 在 BC 上，$BD = \frac{1}{3}BC$. 过内心 I 作 AC 的平行线交 AB 于 E.

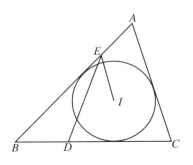

求证：$\angle BED = \dfrac{1}{2}\angle CBA$.

证明　有人称代数为"懒人的算术". 的确, 用设未知数列方程的代数方法解应用题, 比算术方法省去很多脑力. 仿照这个说法, 三角可以称为"懒人的几何", 利用三角也可节省不少脑力, 将几何问题变为纯粹的计算.

设 $\triangle ABC$ 的边长为 a, b, c, 面积为 $\triangle$, 半周长为 s, 内切圆半径为 r, 高为 h_a, h_b, h_c, 则

$$\frac{EA}{BA} = \frac{r}{h_b} = \frac{\triangle/s}{2\triangle/b} = \frac{b}{a+b+c},$$

$$EA = \frac{bc}{a+b+c}.$$

$$\frac{BE}{BA} = \frac{a+c}{a+b+c}, \tag{1}$$

$$BE = \frac{c(a+c)}{a+b+c}. \tag{2}$$

原题是 $BD = \dfrac{a}{3}$, 要证 $\angle BED = \dfrac{1}{2}\angle CBA$. 我们改换成已知 $\angle BED = \dfrac{1}{2}\angle CBA$, 要证

$$BD = \frac{a}{3}. \tag{3}$$

记 $\angle BED = \beta$, 则 $\angle CBA = 2\beta$, $\angle BDE = 180° - 3\beta$. 由正弦定理, 有

$$\frac{BD}{\sin\beta} = \frac{BE}{\sin(3\beta)},$$

所以由三倍角公式, 有

$$BD = \frac{BE\sin\beta}{\sin(3\beta)} = \frac{BE}{3-4\sin^2\beta} = \frac{BE}{1+2(1-2\sin^2\beta)}$$

$$= \frac{BE}{1+2\cos B} = BE \cdot \frac{ac}{ac+a^2+c^2-b^2}$$

$$= \frac{ac^2(a+c)}{(a+b+c)(ac+a^2+c^2-b^2)}. \tag{4}$$

剩下来的事就是证明(4)的右边就是(3)的右边 $\frac{a}{3}$.

我们还有一个条件,$\angle A = 60°$ 未用.由余弦定理及 $\angle A = 60°$,有

$$a^2 = b^2 + c^2 - bc. \tag{5}$$

(4)的分子有因式 $a+c$,所以分母中也应当有因式 $a+c$ 与它相约:

$$
\begin{aligned}
ac + a^2 + c^2 - b^2 &= a(a+c) + (c-b)(c+b) \\
&= a(a+c) - (c+b) \cdot \frac{a^2-c^2}{b} \quad \text{(利用(5))} \\
&= \frac{a+c}{b}\big[ab - (c+b)(a-c)\big] \\
&= \frac{c(a+c)(c+b-a)}{b}. \tag{6}
\end{aligned}
$$

代入(4),得

$$
\begin{aligned}
BD &= \frac{abc}{(a+b+c)(b+c-a)} = \frac{abc}{(b+c)^2 - a^2} \\
&= \frac{abc}{3bc} \quad \text{(利用(5))} \\
&= \frac{a}{3}.
\end{aligned}
$$

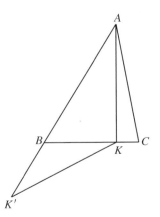

评注　几乎全是三角与代数的计算,特别是利用了三倍角的正弦公式,显得有些笨.但在没有其他解法时,笨办法也就是好办法了.

下面介绍一种不用三角的解法.

引理　$\triangle ABC$ 中,K 为边 BC 上一点,使得 $\angle KAB = \frac{1}{2}\angle ABC$,则

$$AK^2 = BK^2 + AB \times BK. \tag{7}$$

证明　延长 AB 到 K',使 $BK' = BK$,则

$$\angle K' = \angle BKK' = \frac{1}{2}\angle ABC = \angle KAB,$$

$$K'K = AK.$$

$$\triangle K'AK \backsim \triangle K'KB,$$

$$K'K^2 = K'B \times K'A,$$

即(7)成立.

现在回到原来的问题. 仍设 $\angle BED = \frac{1}{2}\angle ABC$, 去证 $BD = \frac{1}{3}BC$.

作 $\angle BAK = \frac{1}{2}\angle ABC$, AK 交 BC 于 K, 则由引理, (7)成立, 并且 $AK /\!/ ED$.

$$\frac{BD}{BK} = \frac{BE}{BA} = \frac{a + c}{a + b + c}. \tag{8}$$

因为 $\angle BAC = 60°$, 所以

$$\angle ABC + \angle ACB = 120°,$$

$$\angle KAC = 60° - \frac{1}{2}\angle ABC = \frac{1}{2}\angle ACB.$$

过 I 作 AB 的平行线交 AC 于 F, 过 F 作 AK 的平行线交 BC 于 G, 则同样有

$$AK^2 = CK^2 + CK \times CA, \tag{9}$$

$$\frac{CG}{CK} = \frac{a + b}{a + b + c}. \tag{10}$$

(7) - (9), 得

$$BK^2 - CK^2 = b \times CK - c \times BK,$$

即

$$a(BK - CK) = b \times CK - c \times BK.$$

所以

$$\frac{CK}{BK} = \frac{a + c}{a + b}. \tag{11}$$

由(8)、(10)、(11), 得

$$\frac{CG}{BD} = \frac{CK \times (a + b)}{BK \times (a + c)} = 1,$$

即

$$CG = BD. \tag{12}$$

并且

$$DG = DK + KG = BD \times \frac{b}{a+c} + CG \times \frac{c}{a+b}$$

$$= BD \times \left(\frac{b}{a+c} + \frac{c}{a+b} \right)$$

$$= BD \times \frac{b^2 + c^2 + a(b+c)}{(a+c)(a+b)}. \tag{13}$$

由(5)、(13),得

$$DG = BD.$$

于是

$$BD = DG = CG = \frac{a}{3}. \tag{14}$$

这种解法中,$BD = CG$ 等体现了对称性.

90. 换了包装

设 A,B 为 $\odot O$ 内两点,并且关于 O 对称. P 在 $\odot O$ 上,PA,PB 又分别交 $\odot O$ 于 C,D. 在 C,D 的切线相交于 Q. M 为线段 PQ 的中点.

求证:$OM \perp AB$.

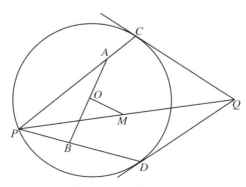

证明　设 P,Q 在直线 AB 上的射影分别为 P',Q'. 因为 M 是 PQ

中点,所以 M 在 AB 上的射影 M' 是 $P'Q'$ 的中点.如果 O 是 $P'Q'$ 的中点,那么 M' 就是 O,从而 $OM \perp AB$.

因此只需证明 OP,OQ 在 AB 上的射影 OP' 与 OQ' 相等.

设 $\angle AOP = \alpha$,直线 CD 交 AB 于 S,OQ 交 CD 于 K,$\angle SOQ = \beta$,则

$$\angle OKS = 90°,$$

$$OQ\cos\beta = \frac{OC^2}{OK}\cos\beta = \frac{OC^2}{OS} = \frac{R^2}{OS},$$

$$OP\cos\alpha = R\cos\alpha.$$

因此 OP,OQ 在 AB 上的射影相等,等价于 $OS\cos\alpha = R$.

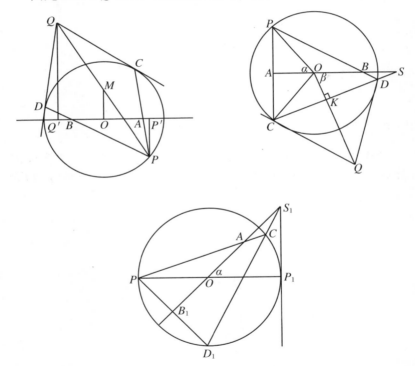

设 P 的对径点为 P_1.过 P_1 的切线交直线 AB 于 S_1,直线 S_1C 又交 $\odot O$ 于 D_1,PD_1 交直线 OA 于 B_1,则由第 41 题,$B_1O = OA$.所以 B_1 即 B,D_1 即 D,S_1 即 S.

显然 $OS\cos\alpha = OP_1 = R$.

本题实际上即第 41 题,只是换了包装.

91. 旧瓶新酒

$\triangle ABC$ 的内切圆圆心为 I,切点为 D,E,F. DD' 为 $\odot I$ 的直径. 过 I 作 AD' 的垂线,分别交 DE,DF 于 N,M. 求证:$IM = IN$.

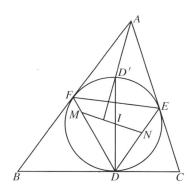

证明 本题实际上就是第 90 题(的逆命题).

设 M 关于 I 的对称点为 N_1, DN_1 交 $\odot I$ 于 E_1, E_1 处的切线交 BF 于 A_1.

由第 90 题,IA_1 与 ID 在 MN 上的射影相等. 因为 ID' 与 ID 在 MN 上的射影相等,所以 A_1 与 D' 在 MN 上的射影相同,即 $A_1D' \perp MN$, A_1 就是 MN 的垂线 $D'A$ 与直线 BF 的交点 A,从而 E_1 就是 E, N_1 就是 N,而且 $IM = IN$.

评注 本题由第 90 题改编而成,可称之为"旧瓶新酒".

六 轨迹与作图

92. 最少用几次圆规

已知 $\angle AOB$，要作它的平分线．通常的作法是以 O 为圆心，任作一圆分别交 OA，OB 于 C，D．再分别以 C，D 为圆心，同样长（比如说 CO）为半径作圆交于 E．OE 就是 $\angle AOB$ 的平分线．

上面的作图中用到了 3 次圆规．

能不能只用 2 次圆规作出角平分线（直尺可用任意多次）？能不能只用 1 次圆规？

作角平分线，最少要用几次圆规？

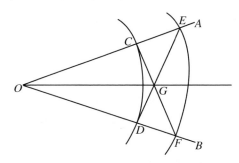

解 以 O 为圆心，作圆分别交 OA，OB 于 C，D．再以 O 为圆心，作另一个圆分别交 OA，OB 于 E，F．

连 DE、CF，相交于 G．

OG 就是 $\angle AOB$ 的平分线．

我们只用了两次圆规．

仅用一次圆规也可以作出角平分线，方法如下：

以 O 为圆心，作一圆分别交 OA，OB 于 C，D，交 AO，BO 的延长线于 E，F．易知 $EF \parallel CD$．

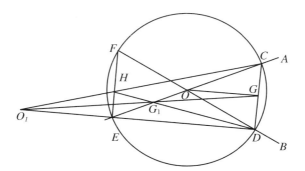

作出 CD 的中点 G，则 OG 就是 $\angle AOB$ 的平分线. 作 CD 中点 G，在《趣味数学 100 题》的第 47 题已经说过. 具体作法是在 DE 延长线上任取一点 O_1，O_1C 交 EF 于 H，DH 交 CE 于 G_1，O_1G_1 交 CD 于 G，则 G 为 CD 中点.

不用圆规，仅用直尺能作角平分线吗？

93. 作方程的根

已知线段 m，n.

如何用直尺、圆规作出方程

$$x(x - n) = m^2 \tag{1}$$

的正根？

解　$x^2 - nx + \left(\dfrac{n}{2}\right)^2 = m^2 + \left(\dfrac{n}{2}\right)^2$，所以方程的正根是

$$x = \frac{n}{2} + \sqrt{m^2 + \left(\frac{n}{2}\right)^2}.$$

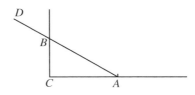

作一个直角三角形 ABC：先作直角 $\angle ACB$，再在 CA 上取 A，在

CB 上取 B,使 $CA = m$,$CB = \dfrac{n}{2}$(用圆规、直尺不难将长为 n 的线段二

等分).这直角三角形的斜边为

$$AB = \sqrt{m^2 + \left(\dfrac{n}{2}\right)^2}.$$

在 AB 延长线上取 D,使 $BD = BC = \dfrac{n}{2}$,则

$$AD = \dfrac{n}{2} + \sqrt{m^2 + \left(\dfrac{n}{2}\right)^2},$$

即 AD 为方程的正根.

94. 作三角形

已知△ABC 的∠$A = \alpha$,$BC = a$,角平分线 $AD = n$.求作△ABC.

现在中学已很少涉及尺规作图(用圆规与直尺作图).这道题是我
中学时代遇到的一道测验题,当时全年级六个班无人能够做出.

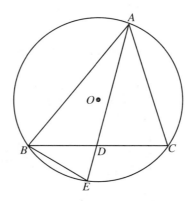

证明 首先边 $BC = a$ 可以作出.因为∠$A = \alpha$,所以 A 是在以
BC 为底、含角为 α 的弓形弧上.这个弓形弧我们可以作出.

但要确定点 A 的位置,还需要知道 A 点的另一个轨迹(用这两个轨迹的交点定出 A).

如果 D 点能够定出,那么 A 就在以 D 为圆心,n 为半径的圆上,从而 A 可定出,$\triangle ABC$ 也就作出来了.

但是 D 点难以定出.

在前面,我们说过,遇到角平分线,可以将它延长与外接圆相交,这个交点非常重要(如第 85 题).设 AD 延长后交外接圆(上面所述弓形弧,如果将它所在的圆完整画出,这圆就是 $\triangle ABC$ 的外接圆)于 E,则 E 是 $\overparen{BC}$ 的中点,于是 E 可以定出.

容易证明 $\triangle EBD \backsim \triangle EAB$($\angle EBD = \angle EAC = \angle EAB$),所以 $EB^2 = ED \times EA$,设 $EB = m$,$EA = x$,则

$$x(x - n) = m^2. \tag{1}$$

由上节,这个方程的正根可以作出,即 EA 可以作出,从而 A 可以定出.

具体作法如下:

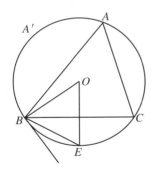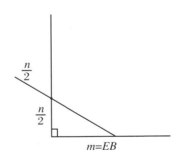

(1) 作线段 $BC = a$.

(2) 作以 BC 为底、含角为 α 的弓形弧,并将这弧所在的圆完整画出.

(3) 取 $\overparen{BC}$ 中点(即过圆心 O 作垂直于 BC 的半径)E.

(4) 设 $EB = m$,用上节方法作出 $\dfrac{n}{2} + \sqrt{m^2 + \left(\dfrac{n}{2}\right)^2}$.

(5) 以 E 为圆心,$\dfrac{n}{2} + \sqrt{m^2 + \left(\dfrac{n}{2}\right)^2}$ 为半径,作圆交 $\odot O$ 于

A,A'.

(6) 连 $AB,AC(A'B,A'C)$.

$\triangle ABC(\triangle A'BC)$ 即为所求.

95. 等幂轴(根轴)

$\odot O$ 外一点 P,对 $\odot O$ 的幂定义为 $OP^2 - R^2$,其中 R 为 $\odot O$ 的半径.

已知 $\odot O_1$,$\odot O_2$,O_1 与 O_2 不同,求关于这两个圆的幂相等的轨迹.

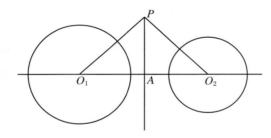

解 设 $\odot O_1$,$\odot O_2$ 的半径分别为 r_1,r_2.

若点 P 关于 $\odot O_1$,$\odot O_2$ 的幂相等,则

$$PO_1^2 - r_1^2 = PO_2^2 - r_2^2. \tag{1}$$

过 P 作 O_1O_2 的垂线,垂足为 A.

记 $O_1A = d_1$,$O_2A = d_2$(注意这里的线段是有向线段,即 O_1A 与 AO_1 绝对值相等,但一正一负),则

$$O_1O_2 = O_1A - O_2A = d_1 - d_2, \tag{2}$$

记 $O_1O_2 = d$,则由(1),有

$$d_1^2 - d_2^2 = r_1^2 - r_2^2. \tag{3}$$

所以

$$d_1 + d_2 = \frac{r_1^2 - r_2^2}{d}. \tag{4}$$

结合

$$d_1 - d_2 = d, \tag{5}$$

解得

$$d_1 = \frac{d^2 + r_1^2 - r_2^2}{2d}, \quad d_2 = -\frac{d^2 + r_2^2 - r_1^2}{2d}. \tag{6}$$

因为 d_1 与 P 无关,所以 A 为 O_1O_2 上定点.点 P 在过定点 A 且与 O_1O_2 垂直的直线上.

反之,如果点 P 在过点 A 且与 O_1O_2 垂直的直线上,则因为(6)、(5)、(4)成立,所以(3)、(1)成立.P 关于 $\odot O_1$,$\odot O_2$ 的幂相等.

因此,关于两个不共心的圆有相等幂的点的轨迹,是过连心线上一定点并且与连心线垂直的直线.

这条直线称为这两个圆的等幂轴或根轴.

在两圆相切时,根轴就是过切点的公切线.

在两圆相交时,根轴就是公共弦所在的直线,这一点在第 84 题已经说过.

点 P 在圆外时,P 关于圆的幂为正;点 P 在圆上时,P 关于圆的幂为 0;点 P 在圆内时,P 关于圆的幂为负.为避免负数,点 P 在 $\odot O$ 内时,我们曾改称 $R^2 - OP^2$ 为 P 关于 $\odot O$ 的幂.在第 57、58 两题中,就是这样做的.这样说只是为了方便,并没有实质性的变更.

96. 一个轨迹

$\odot O_1$,$\odot O_2$ 相交于 A,B.P 在 $\odot O_1$ 上,PA,PB 又交 $\odot O_2$ 于 Q,R.

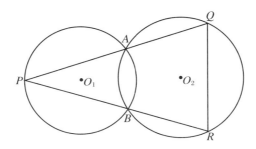

求证:$\triangle PQR$ 的外心在一个定圆上.

　　换句话说,当 P 点在 $\odot O_1$ 上运动时,相应地,$\triangle PQR$ 的外心在一个定圆上移动.这个定圆是这外心的轨迹.

　　证明　不妨设 $\odot O_1$ 的半径 $r_1 \leqslant \odot O_2$ 的半径 r_2.

　　先由特殊点来寻求轨迹的圆心与半径.

　　为此,设连心线 $O_1 O_2$ 交 $\odot O_1$ 于 P,P'.

　　由于这时 Q,R 关于 $O_1 O_2$ 对称,所以 $\triangle PQR$ 的外心 M 在 $O_1 O_2$ 上.

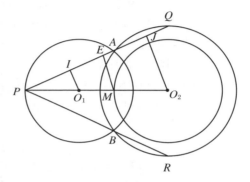

　　设 O_1,M,O_2 在 PQ 上的射影分别为 I,E,J,则 I 为 PA 中点,E 为 PQ 中点,J 为 AQ 中点.

$$PE = \frac{1}{2} PQ = \frac{1}{2}(PA + AQ) = IA + AJ = IJ.$$

从而 $PI = EJ$,$r_1 = PO_1 = MO_2$.

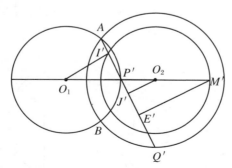

　　同样,对于 P',$\triangle P'Q'R'$ 的外心 M' 也在 $O_1 O_2$ 上.O_1,O_2,M' 在 $P'Q'$ 上的射影 I',J',E' 也满足

$$P'E' = \frac{1}{2}P'Q' = AJ' - AI' = I'J',$$

$$P'I' = E'J',$$

$$M'O_2 = O_1P' = r_1.$$

因此,所求轨迹应当是以 O_2 为圆心, r_1 为半径的圆.

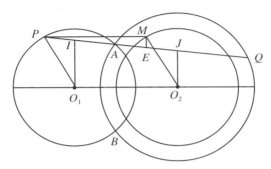

对一般情况,设 O_1,O_2 在 PQ 上的射影为 I,J, PQ 的中点为 E. 又作 $O_2M \underline{\underline{\parallel}} O_1P$,则 $PM \underline{\underline{\parallel}} O_1O_2$.

PM 在 PQ 上的射影等于 O_1O_2 在 PQ 上的射影 IJ.

而与前面相同, $IJ = PE$. 所以 E 就是 M 在 PQ 上的射影. M 在 PQ 的垂直平分线上.

同样, M 在 PR 的垂直平分线上. 因此 M 为 $\triangle PQR$ 的外心, 而且 M 在 $\odot(O_2,r_1)$ 上.

反之, 对 $\odot(O_2,r_1)$ 上任一点 M, 过 O_1 作 MO_2 的平行线, 交 $\odot O_1$ 于 P. 设 PA,PB 分别交 $\odot(O_2,r_2)$ 于 Q,R, 则与上面相同可得 M 为 $\triangle PQR$ 的外心.

因此 $\odot(O_2,r_1)$ 是所求的轨迹.

97. Apollonius 圆

设 λ 为大于 1 的已知数, B,C 为已知点. 求满足 $\dfrac{AB}{AC} = \lambda$ 的点 A 的轨迹.

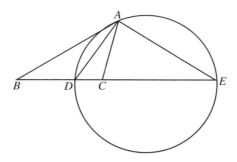

解　在 BC 及 BC 的延长线上取定点 D,E,满足 $\dfrac{BD}{DC}=\lambda$,$\dfrac{BE}{CE}=\lambda$.

以 DE 为直径作圆.这圆就是所求的轨迹.

一方面,设 A 满足 $\dfrac{AB}{AC}=\lambda$,则 $\dfrac{AB}{AC}=\dfrac{BD}{DC}$,所以 AD 是 $\angle BAC$ 的角平分线.

同理,AE 是 $\angle BAC$ 的外角平分线.

因此 $\angle DAE=\dfrac{1}{2}\times 180°=90°$,$A$ 在以 DE 为直径的圆上.

另一方面,设 A 在以 DE 为直径的圆上.

过 A 作射线 AB',使 $\angle B'AD=\angle DAC$,AB' 交直线 BC 于 B'.

因为 $\angle B'AD=\angle DAC$,所以

$$\frac{B'D}{DC}=\frac{AB'}{AC}. \tag{1}$$

因为 $\angle CAE=90°-\angle DAC=90°-\dfrac{1}{2}\angle B'AC$,所以 AE 是 $\triangle B'AC$ 的外角平分线,则

$$\frac{AB'}{AC}=\frac{B'E}{CE}. \tag{2}$$

由(1)、(2),有

$$\frac{B'D}{B'E}=\frac{DC}{CE}=\frac{BD}{BE}.$$

因此 B' 与 B 重合,并且 $\dfrac{AB}{AC}=\dfrac{BD}{DC}=\lambda$.

这个轨迹称为 Apollonius 圆.

在 $0<\lambda<1$ 时,轨迹仍为 Apollonius 圆,只是 E 在 CB 的延长线上 $\left(\dfrac{EB}{EC}=\lambda\right)$.

$\lambda=1$ 时,满足 $\dfrac{AB}{AC}=\lambda$ 的点的轨迹是线段 BC 的垂直平分线.

98. 对称的点

P 为 $\triangle ABC$ 内部一点,$AB \cdot PC = AC \cdot PB$. 点 P 关于 BC 的对称点为 Q. 求证:$\angle BAP = \angle QAC$.

证明 $\dfrac{PB}{PC}=\dfrac{AB}{AC}$,所以 P 在 Apollonius 圆上,这圆与 BC 交于 D,E 两点,AD 是角平分线,AE 是外角平分线,并且 DE 是圆的直径.

P 关于 BC 的对称点 Q 也在这圆上.

因为 P,Q 关于 BC 对称,所以 $DP=DQ$,从而 $\angle PAD = \angle DAQ$.

$$\angle BAP = \angle BAD - \angle PAD = \angle DAC - \angle DAQ$$
$$= \angle QAC.$$

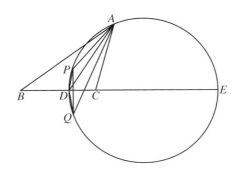

99. 在那遥远的地方

图中的四边形 $ABCD$ 的对角线相交于 E. 对边 AD, BC 接近平行但不平行, 因此 AD, BC 相交, 但交点 F 却"在那遥远的地方", 可望而不可即.

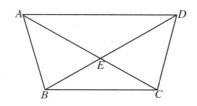

如何准确地作出直线 EF?

解　延长 AB, DC, 相交于 G.

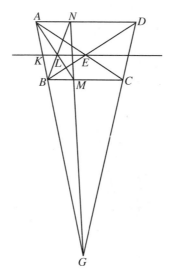

过 G 作射线, 分别交 BC, AD 于 M, N.

连 AM, BN, 相交于 L.

过 L, E 作直线. 这条直线就是直线 EF.

理由如下:

由第 79 题,设 EF 与 AB 的交点为 K,则 A,K,B,G 成调和点列,即

$$\frac{AK}{KB} = \frac{AG}{BG}.$$

同样,设 FL 与 AB 的交点为 K',则

$$\frac{AK'}{K'B} = \frac{AG}{BG}.$$

因此,K' 与 K 是同一个点.EF,FL 是同一条直线(都过 F,K 两点),因而直线 EF 就是直线 LF.

100. 不用圆规行吗?

只用直尺不用圆规能作已知角的平分线吗?

解　不能.如何证明只用直尺不能作角平分线呢?

下面介绍两种证法.

第一种证法:证明 $45°$ 的 $\angle AOB$ 不能只用直尺平分.

以 O 为原点,OA 为 x 轴建立直角坐标.

OB 的方程是

$$y = x. \tag{1}$$

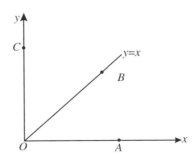

用直尺作图,无非如下:

(i) 选点.

(ii) 过两个确定的点作直线.

　　点是任意选的,可以假定所选点是有理点(坐标均为有理数).因此过两个点作的直线,它的方程也都是有理系数(最初的方程 $y = x$ 是有理系数的方程).从而所有作图过程中,直线的交点也都是有理点,所有的直线方程都是有理系数.

　　但 $\angle AOB$ 的平分线为

$$y = (\tan 22.5°)x,$$

却不是有理系数的方程.因此无法只用直尺作出.

　　第二种证法:仍建立直角坐标,对每一点 $M(x,y)$,定义它的像为 $M\left(x,\dfrac{y}{2}\right)$,即横坐标不变,而纵坐标是原来的 $\dfrac{1}{2}$.称这为"压缩变换".

　　容易看出压缩变换将直线变成直线(方程为 $ax + by + c = 0$ 的直线,变成方程为 $ax + 2by + c = 0$ 的直线).

　　但经过压缩变换后,一个角的平分线,它的像并不平分这个角的像.最显然的例子是上图中的直角 $\angle COA$,它的平分线是 OB,但压缩后,$\angle COA$ 的像仍是 $\angle COA$,而 OB 的像却不是 $OB\left(\text{应当是直线 } y = \dfrac{x}{2}\right)$,不再平分 $\angle COA$.

　　如果只用直尺就能平分一个角,那么作压缩变换,对所得的像采用同样的作法,得到的平分线的像应当是像的平分线.但上面的例子已经表明事情并非如此.所以只用直尺作角平分线是不可能的.